泡茶之境

22种中国茶的茶艺美学

编著　雪然

化学工业出版社
·北京·

内容简介

茶无定味，适口为佳，且泡茶且享受。一杯好茶用心去泡就是最美。《泡茶之境：22 种中国茶的茶艺美学》收录了 22 种有代表性且知名的茶叶，茶艺师以每一种茶为一个章节，从识茶、茶典、泡茶、品茶、茶保健和存茶几个方面进行讲解，将茶叶全方位展现在每位茶人面前。每种茶叶的特性以及泡茶时的细节都有不同，本书带您走进泡茶品茶的茶香世界。

图书在版编目（CIP）数据

泡茶之境：22 种中国茶的茶艺美学 / 雪然编著 . — 北京：化学工业出版社，2023.1

ISBN 978-7-122-42425-9

Ⅰ . ①泡… Ⅱ . ①雪… Ⅲ . ①茶艺 - 美学 - 研究 - 中国 Ⅳ . ① TS971.21

中国版本图书馆 CIP 数据核字（2022）第 200005 号

责任编辑：马冰初　　　　装帧设计：彭　娜

责任校对：宋　玮

出版发行：化学工业出版社（北京市东城区青年湖南街 13 号 邮政编码 100011）

印　　装：北京宝隆世纪印刷有限公司

710mm × 1000mm　1/16　印张 15½　字数 247 千字　2023 年 6 月北京第 1 版第 1 次印刷

购书咨询：010-64518888　　　　售后服务：010-64518899

网　　址：http://www.cip.com.cn

凡购买本书，如有缺损质量问题，本社销售中心负责调换。

定　　价：68.00 元

序

当代茶文化，书写者有追求，有个性，不拘一格，丰富多彩。雪然老师也是茶书写作的追求者、践行者。她撰写的《泡茶之境：22 种中国茶的茶艺美学》正是这样的别开生面之作。

《泡茶之境：22 种中国茶的茶艺美学》是茶艺的入门普及著作，选择 22 款茶叶，从典故传说、认识茶叶、冲泡品饮、茶叶功效、储存保管等方面，进行通俗易懂、雅俗共赏的介绍。全书虽然史料丰富，知识广博，却以行云流水的散文笔法，间有箴言妙语的趣味点睛，偶用文采斐然的诗歌表达，将茶叶识辨与冲泡技艺相互糅合，使枯燥知识和生动叙事融为一体，把茶境体悟贯穿其中。美文和美图构成的篇章，犹如滋味隽永的茗茶，芳香扑鼻，沁人心脾。在知识的传递中，彰显出美轮美奂的茶生活。

茶书是供人阅读的，好读、易读是第一要义。正如唐宋八大家之一的王安石所说：“看似寻常最奇崛，成如容易却艰辛。”《泡茶之境：22 种中国茶的茶艺美学》的作者雪然，是河北省散文协会会员、廊坊市诗词协会会员，深歆为文之道。雪然又是中华优秀茶教师、国家一级茶艺技师、高级评茶员，并来江西省参加过茶文化高级研修班。她对于茶艺之道独具心得，给同仁留下了深刻印象。她还不断践行，担任全国青少年茶文化研究委员会委员，教学与推广少儿茶艺。她还在 2018 年首届全球传统文化春节晚会演出，向 48 个国家展示中国茶文化。

与此同时，雪然经常在实践之余，有感而发，随笔而书，以优美文字撰写茶文化文章，辛勤耕耘，终有所成。她的原著《爱上泡茶静待花开》，经过精心修订，成为《泡茶之境：22 种中国茶的茶艺美学》，如今即将面世。应她所请，草成短文，遥致祝贺！并期待雪然在茶文化方面不断精进，取得更大的成绩！

美诗雅文传茶艺，读书品茗正相宜。

今日“大雪”，围炉煮茶，闲品书香，不亦快哉！

是为序。

余　悦

2022 年 12 月 7 日

目录

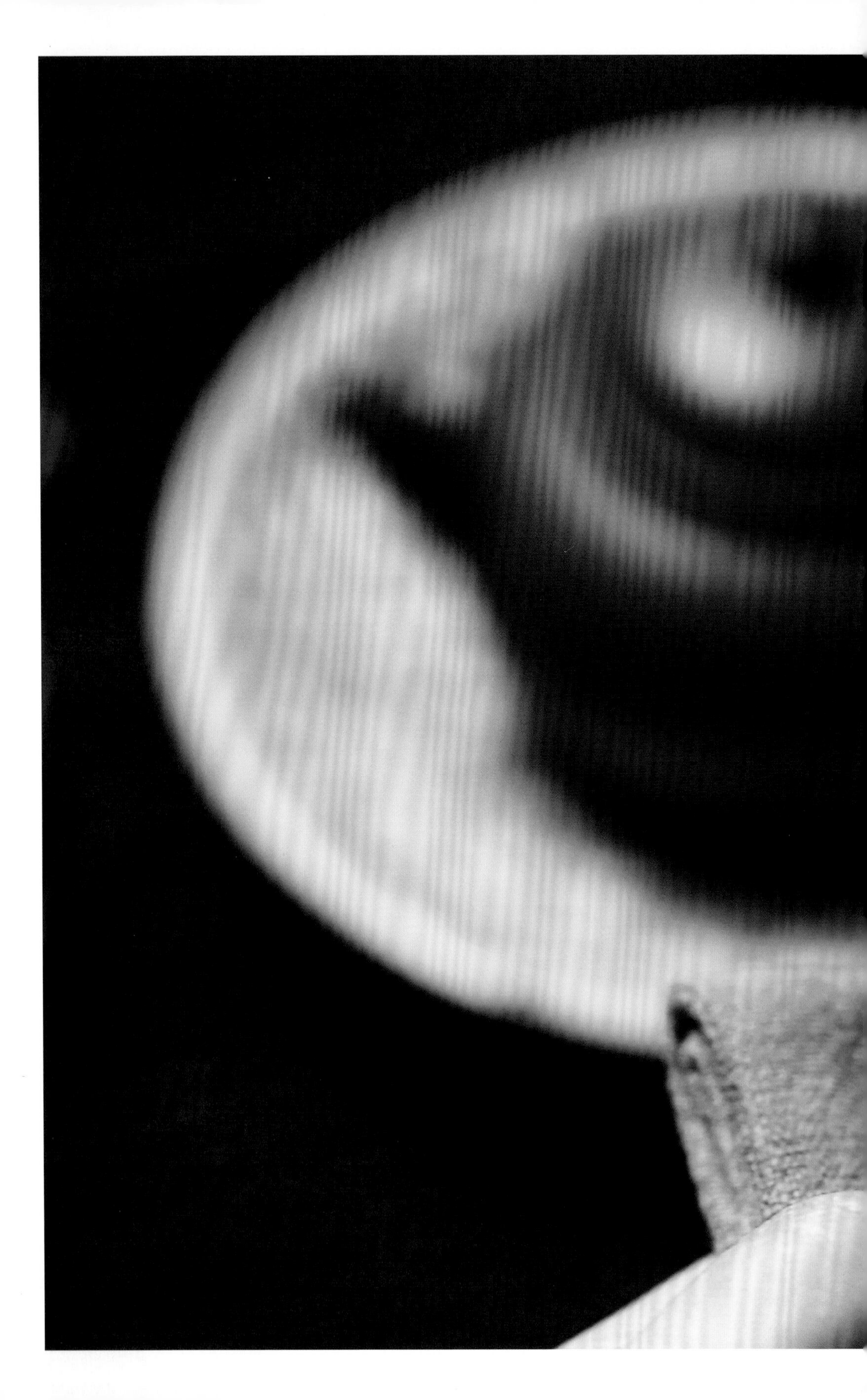

聊聊泡茶技艺

提到泡茶便众说纷纭，有人说拿杯子随手一泡就可以了，有人说茶得讲究一些，有人说要喝茶就得喝得明白一些，不能胡乱地去喝，不然就是暴殄天物了，所以关于泡茶有时候会起一些争执。其实，这几种状态都是无可争议的。茶可以通过茶的物质、茶的文化和茶的艺术这三个方面来理解。茶物质是属于大众的；茶文化是属于修行之人的；茶艺术是属于少数人的。怎么讲呢？经常听于老（于观亭）讲："茶叶的第一身份就是一杯饮料，用来解渴怡神，童叟皆宜，端杯喝掉即可，所以说茶物质是属于大众的；茶的第二个境界就是它所蕴含的文化，包括产地、历史、加工工艺、冲泡方法等，这些是好学之人想去了解的，所以茶文化是属于修行之人的；第三个境界就是茶的艺术范畴了，比如茶的冲泡技艺、茶艺表演、茶席设计，由此达到精神享受和悟道等效果，能懂得和欣赏这个层面的人就很少了，所以茶的艺术是属于少数人的。"因此，茶是可上可下、可俗可雅、能入禅也能入世的人间灵物。

可以说茶艺就是淑女与君子的摇篮。茶艺是三闲之人所好之事。三闲即闲钱、闲时、闲情逸致。

茶是雅气，是贵气，更是福气。鲁迅先生曾这样写道："有好茶喝，会喝好茶，是享清福。"作为品味生活的女主人怎可以不会泡一两手好茶呢？让我们坐下来，泡杯茶，聊聊这泡茶技巧与泡茶艺术，品茶技巧与品茶艺术，也就是茶艺！

茶可清心、可养性，清心养性绝非茶物质本身的功能。茶物质功能更多的是保健作用；清心怡情已经达到了茶的精神领域和艺术领域，也就是我们中国茶文化的核心——茶道，茶道包含着四大要素：茶艺、礼法、环境、修行。

茶艺，即泡茶与品茶的艺术，而艺术必须基于技巧之上。茶艺要从泡茶的技能升华为泡茶的艺术，从品茶的技能升华为品茶的艺术，有技有艺才可称为茶艺。茶艺是茶道的基础，茶道是茶艺的外延，茶艺可以单独存在，而茶道必须依附于茶艺之上，艺中有道，道中有艺，即物质与精神的完美统一。所以，坐下来泡杯茶已是我们修行的第一步了。

泡茶基本要素

泡茶基本要素有三：水温、时间和茶量。

1. 水温 泡不同的茶要用不同的水温开汤，例如：绿茶用75~85℃的水；红茶用90~95℃的水，水温不同，茶汤的口感不同。

2. 时间 出汤时间1分钟和10分钟，茶汤的口感不同。一般茶品第一泡都需要迅速出汤。这个也可根据个人口感爱好来定，慢了容易有苦涩感。

3. 茶量 3克茶和10克茶，茶汤口感不同，这个道理很好理解。通常茶与水的比例是1:50，而乌龙茶和黑茶，它们与水的比例为1:20，此比例也要根据个人口味稍作调整。

这三大要素很好理解，也很好掌握，可是在这三大要素都相同的条件下，每个人泡出的茶依然会口感不同。通过实践，泡茶除了三大基本要素之外，还有两大要素：一个是泡茶之水，另一个是泡茶之人。

泡茶之水

茶的魂在水里，水的神在茶里。茶有多样，水有各种，好茶好水，味才美。

先说这水，陆羽在《茶经》中就讲道："其水，用山水上，江水中，井水下。其山水拣乳泉，石池漫流者上；其瀑涌湍漱，勿食之。久食，令人有颈疾。又多别流于山谷者，澄浸不泄，自火天至霜郊以前，或潜龙蓄毒于其间，饮者可决之，以流其恶，使新泉涓涓然，酌之。其江水，取去人远者。井，取汲多者。"这里陆羽提到选择水，首先要远市井、少污染，重活水、恶死水，故而认为山中乳泉、江中清流为佳，而沟谷之中水流不畅，易生毒虫细菌，不宜于饮用。明代许次纾在《茶疏》中也曾说："精茗蕴香，借水而发，无水不可与论茶也。"明代张大复在《梅花草堂笔谈》中也有记载："茶性必发于水，八分之茶，遇十分之水，茶亦十分矣；八分之水，试十分之茶，茶只八分耳。"可见水对茶的香气及口感也是影响很大的。

传说王安石患了痰火之症，太医处方需用长江瞿塘中峡水煎烹阳羡之茶，方可治愈。此间苏东坡恰巧去四川途经瞿塘三峡，王安石便委托苏东坡带水。

当时所谓的瞿塘三峡依次为：西陵峡、巫峡、归峡，西陵峡为上峡，巫峡为中峡，归峡为下峡，王安石要的水就是巫峡的水。而苏东坡沉迷于三峡秀美风光，船行至下游时，才恍然记起为王安石取水，可是水流湍急无法逆川而上，便取了下峡之水带回。王安石试袖亲烹，其茶色半晌方见，问水取自何处？苏东坡答："巫峡。"王安石大笑："又来欺老夫了！此乃下峡之水，如何谎称中峡？"苏东坡大惊，急忙认错谢罪，却百思不得其解，问："老太师如何辨得？"

王安石严厉训言："读书人不可轻举妄动，须是细心察理。……这瞿塘水性，出于《水经补注》。上峡水性太急，下峡太缓，惟中峡缓急相半。太医院宫乃明医，知老夫乃中脘变症，故用中峡水引经。此水烹阳羡茶，上峡味浓，下峡味淡，中峡浓淡之间。今见茶色半晌方见，故知是下峡。"

古人用水崇尚"轻""清""甘""活""洌"，即水质要轻、清，水味要甘，水源要活。

现代水源分为天降水，如雨水、雪水、露水等；地水，如泉水、井水、河水、江水、湖水等；再加工水，如自来水、市场上销售的瓶装和桶装水等。

无论选择何种水泡茶，首先水源一定要活、鲜，水质要无色、无味，不含有肉眼可见物；水中不含有放射性物质，对人体有害的重金属元素不能超标，水中的细菌要符合国家饮用水标准。

古人斗水的故事更是屡见不鲜，传说有一次陆羽与常鲁公（常伯熊）斗茶，常鲁公为朝廷官员，而陆羽是普通百姓，单从茶品难以取胜，于是陆羽以竹引山泉水试以烹茶，最后取胜。

中国茶艺是基于泡茶技巧，升至泡茶艺术的学科，因此泡出一杯适口清甜的茶汤，是茶艺师必备的技能，最后达到茶道的精神境界。茶集日月之精华，聚天地之灵性，而水更是人类的诞生之源，茶、水的完美融合让我们可见至真至纯的本性。

在午后，轻捧茶盏，静坐阳光里，幻想被岁月洗礼，历经揉、焙、炒、泡、煎后在杯中复活、舒展、馨香，此时，水便有了颜色、味道、香气，意蕴悠长，浩气荡漾。

茶的魂在水里，水的神在茶里。

可见在泡茶技巧中，泡茶之水也是极其重要的，以上几大要素中，水温、时间、茶量、水质只占泡茶技巧的 50%~60%，而泡茶之人要占剩下的 40%~50%。人这个要素又分为三大要点：人性、心态、手法。

泡茶之人

一、人性

即做人——做茶人。

一杯茶即是一个人的味道，品茶即是品人。

记得小时候总听父亲说，学做事先要学做人。这句话影响我一生，也让我受益一生。每期茶艺班开课时，首先讲的不是博大精深的茶文化，也不是让人感觉玄之又玄的泡茶功夫，而是讲茶人的精神，即谦逊、包容、真诚，不仅是要理解这3个词6个字的意义，还要时时刻刻提醒自己，事事去践行。一个上善若水的人去泡一杯茶，茶怎会不好喝?

分述一下茶人精神。

首先是谦逊。茶文化属于一个综合性的学科，它包括历史（茶的发展史）、地理（茶的产地）、植物学（茶叶本身）、化学（茶叶加工工艺中的物质变化）、美学（茶艺）、哲学（茶道层面）等。即使是一个智慧超群的人也不可能每一项都研究得精、研究得透，只能说对某个方面有深刻的认识和突破，因此在茶文化领域没有绝对的老师。谦逊，是每个茶人必修的品质之一。

其次是包容。我们国家的茶种类丰富，有六大基本茶类，还有非茶之茶、再加工茶，色、香、味各不相同。而作为茶人要包容茶的千滋百味，要客观地品评每一款茶，犹如人生，苦辣酸甜，皆是最好的安排，包容接受是茶人修行的重要品质。

最后便是真诚了。人格是和谐的基础细胞，而真诚是高尚人格的重要组成部分。茶文化的社会功能除了以茶雅致、以茶敬客，最重要的是以茶行道。真诚也是茶人要修的高尚品质之一。曾有做茶叶生意的学员说："我想做到茶人的真诚，可是我 100 元进的茶叶，也要 100 元卖掉，那我怎么生活啊？"其实不是这样理解的，我们只要不标高、不忽悠就可以，不要为获取更大的利润以次充好。

要想泡好一杯茶，首先泡茶之人要有一颗善良、纯净、自然的心，人的品质要和茶的品质相一致，只有这样茶、人才能融为一体，达到人性与自然相融合。这也是我们从富到贵蜕变的第一步。

其实茶人精神——谦逊、包容、真诚，不只是茶界友人们的必修课，更是每个社会人必修的重要品格。

二、心态

一注水会把泡茶人的喜怒哀乐尽显其中，所以有什么样的心态就会泡出什么样的茶汤。泡茶心态的 3 个境界为：静心断欲、气定神闲、行云流水。

静心断欲：当手持热水壶的时候，要摒弃一切干扰和欲望，守护住一颗宁静的心，将呼吸的节奏以及对茶的爱一起随着水流注入茶中。“茶者水之神，水者茶之体。非真水莫显其神，非精茶曷（hé）窥其体。……流动者愈于安静，负阴者胜于向阳。真源无味，真水无香❶。”此时为茶、水、人三者合一，天地精华，宇宙灵物共为一体。

有一次一位朋友诚邀我与他会所的一位茶艺师一起冲泡一款红茶（那时候我自己的冲泡境界只停留在第一个层面，即静心断欲）。起壶的那一刻，手机响了，所有人开始询问谁的手机在响，当把一杯冲泡好的茶汤分别倒入每位客人的杯中以后，我说是我的手机，有茶客不解，问：“为什么刚才你像没听到一样，也不回答我们的问话？”我笑而答之：“心动茶动，心宁茶凝。茶为灵物，纳万物之气，所以初习泡茶首先要做到的是静心，断掉欲望。”

气定神闲：定气闲情，神态怡然是泡茶的第二个境界了。练就一个不被左右的宁静心态，能在注水的过程中，气韵悠然，神情自若，且心如泰山，即使谈笑间，也能做到心不乱，且静如湖水。

行云流水：算是泡茶技巧的最高境界，身、心、水、茶能相融，随心所欲地去泡出适口的味道，茶的味道可由心而生，由人而定。

❶出自明代张源的《茶录》。

三、手法

1. 定点高冲不给力，定点高冲给力

定点高冲不给力的手法，一般用于干茶紧实但不粗老的茶品的开汤，例如祁门红茶，在适宜的温度下高冲是为了提出香味。定点高冲不给力是为了呵护它细嫩的原料，以及内含物质的完整，然后迅速出汤，以保证口感适宜，通过对第一泡口感和香气的品鉴，判断出茶叶内含物质的浸出情况，来确定下一泡的手法。

定点高冲给力的手法一般用于干茶紧结、原料粗老的茶品，比如铁观音，高冲依然起到提香的作用，给力可以激发铁观音茶性的发挥。

2. 定点大流低冲，定点细流低冲

定点大流低冲，适用于松散茶品，它内含物质丰富，这样能让水迅速与茶叶中的可溶物质结合，以免茶水生成苦涩味。例如祁门红茶第二泡的时候，茶已经松散，内含物质很丰富，水需要迅速与茶相互融合，然后出汤。

定点细流低冲手法，适用于茶叶内含物质比较少的时候，这样让水和茶的可溶物质有个相互融合的时间，避免茶汤寡淡无味。例如祁门红茶第五泡的时候，需要水把茶叶慢慢浸透，慢些出汤，这样才能结合成茶水。

3. 绕杯缓冲，绕杯快冲

绕杯缓冲的手法，适用于茶叶内含物质在一半左右的时候（根据前一泡的香气和茶汤口感作为基本判断）。这样的手法在时间上有个相互融合的过程，达到茶汤的饱满醇和。

绕杯快冲的手法，适合于茶叶内含物质较为丰富、茶叶原料太过细嫩、茶极其松散的情况。绕杯快冲既有融合的时间，内含物质又不至于一下子全部浸出，可以避免茶汤生成苦涩味。

这就是泡茶的基本手法，还有一些特殊茶品的特殊泡法，需要因茶而异。如何泡一杯适口的茶，针对人的因素（人性、心态、手法）已进行详细叙述，但除此之外也要因地制宜，因气候而论。

泡茶是为了品，是为了让品的人觉得好喝，所以说茶无定味，适口为佳。将茶味随心所欲地展现，才是最高的泡茶技艺。

每类茶品都像不同年龄的女人和男人，了解它们的基本性格，也是关系到如何泡好一杯茶极其重要的因素之一。

绿茶鲜嫩、清纯、靓丽，却短暂（较好冲泡）。红茶有青春的香气，有成熟多变的味道（所以冲泡需要技巧和耐心）。黑茶没有容颜可赞，没有腰肢可看，有的是那份历经磨炼后的从容与平淡、浑厚与沉淀（手法不是很重要了）。黄茶娇贵妖娆，难得一见（比较好泡）。白茶精炼沉稳，却不失魅力，可以观赏、品味，涤昏寐，破烦恼（老白茶的药理作用很突出，泡茶需要技巧；新白茶比较好泡）。乌龙茶霸道飒爽，却又不失甘甜与回味，在其世界里，总有天地灵气、日月精华。铁观音儒雅深沉，不张扬，却是正好。大红袍霸气、凌厉，让人见一次就无法忘记，所以是女性茶艺师很难把控的茶品之一。凤凰单枞淡定从容，不急不慌，其冷静与高傲，也不是很容易就能冲泡到极致的。

当掌握了泡茶者的心态和手法会出什么样的茶汤规律后，作为品茶者，不喝，亦然可得茶味，也就是只见其人便得其味。

这一泡一品有技有艺，也就是茶艺。当泡茶品茶技艺到了炉火纯青的境界时，便可自然入道，也就是茶道境界。心中有茶，茶中有我，苦涩甘鲜你在我心，喜怒哀乐我在你身，只闻其香便得其味，没有了手法，没有了心态，有的只是那杯中汤水，那也是泡茶者的一份滋味。所以茶艺是茶道四大要素之首（茶艺、礼法、环境、修行），因此说泡茶亦是修心得道；心静能悟天地之玄妙，浮躁能伤肝肠，也可说泡茶亦是修心之法，品茶亦是养身之道。

泡茶的最高境界：根据喝茶人的口感需求，随心所欲地泡好一杯茶。

人海三千，你我对饮，问缘始缘终，茶说："只需细品，香只是茶香，味也只是茶味，在无味至味的意境里，我为那适者寻一手泡茶。"

品茶的最高境界：只见其人，便得其韵，只闻其香，便得其味。一杯茶即是一个人的味道，喜怒哀乐，苦辣酸甜。

茶艺师修行的三大要素，即：敬、净、静

1. 敬

不管从事什么行业，懂得尊敬是一个人重要的修养，作为茶艺师要做到哪些呢？尊敬客人、尊敬茶品、尊敬器皿，更重要的是尊敬自己，一个懂得自尊自爱的人，才会懂得尊重他人。

2. 净

环境干净，器皿干净，茶艺师的形象干净，最重要的是心灵干净，很多时候心灵不干净是因为欲望。记得有一期学员在学习茶艺表演的时候，大家都已经入境，唯独有一位女士，感觉总是心不在焉，魂不守舍。于是我问："刚才从一楼上来一人，谁知道？"唯独她举起手来。我又问："刚才邻居家的电钻响了几下，谁听到了？"她再次举起手。我笑问："您在想什么？"她答："我在想马上十一点了，回家给儿子做什么饭呢？下午两点上课，能不能睡一觉？"所以欲望有时候是一种为他人服务的心理，不能做当下之事，心里也就不能做到干净，因此便不能达到茶艺师的最终境界——宁静。

3. 静

静是茶艺师泡茶技艺的基本功。躁的心，茶必躁；急的心，茶必急。静的心与茶本性合一，茶汤必可口怡情。

绣剪翠峦品幽欢
汀溪兰香

汀溪的茶是香的，人是勤劳的。

汀溪有着典型的徽派建筑。徽派建筑以马头墙、小青瓦最为特色，融石雕、木雕、砖雕为一体，粉墙黛瓦，远观白云青山，缓缓打开这幅水墨长卷，一股幽兰绣剪茶山。

这样的画面让我想起在河边成长的孩童时光。每当夜幕降临，农家灯火忽隐忽现，幽静的河边小道蜿蜿蜒蜒；小河轻吟，赶时间做茶的机器声时有时无。这一份祥和、一份亲切、一缕兰香，伴着月光进入了茶人的梦……

识茶

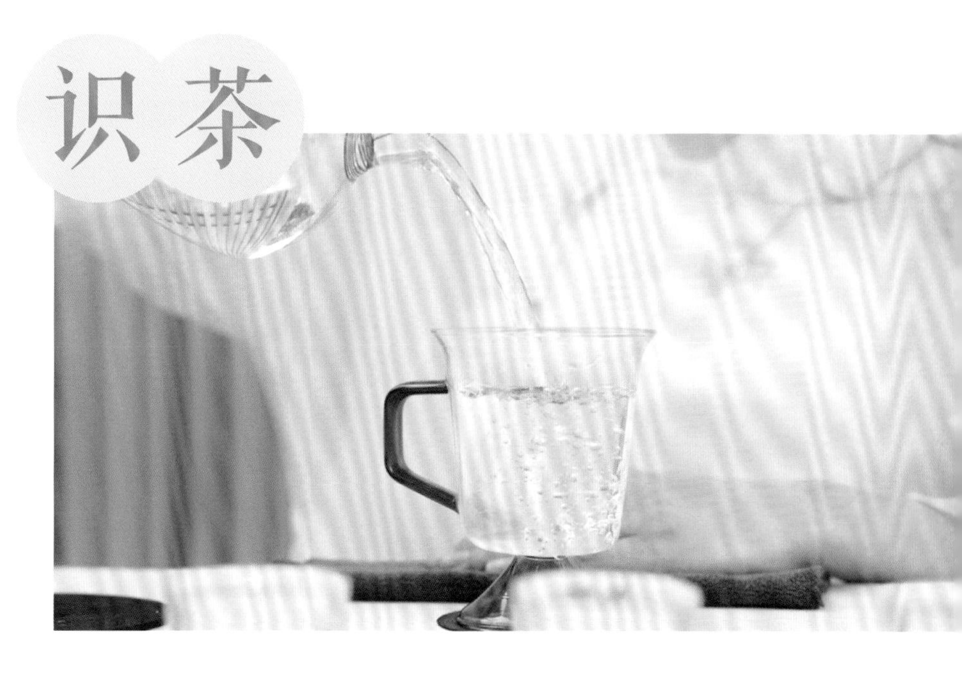

汀溪兰香茶属于绿茶，原产于安徽省泾县汀溪镇大坑村。这里幽谷兰香，苍翠叠嶂，碧水潺潺。花为友，云为伴，清泉为邻的生态环境孕育出肥嫩滴翠的茶芽。

汀溪兰香的采茶、制茶工艺要求是十分严格的，特尖要求采一芽二叶初展芽叶（茶农形象地称为“一叶抱，二叶靠”）。茶芽还须肥壮完好，长3厘米左右，采茶时应采用“提折”方法采，禁用指甲“掐采”及“一手抓采”，尽量避免损伤嫩叶。鲜叶忌紧压、暴晒、雨淋。将上午十点前后所采的鲜叶分开进行制作，以更好控制鲜叶脱水程度的均衡。汀溪兰香素有形如绣剪、色泽翠绿、香似幽兰、回味甘甜之美誉。

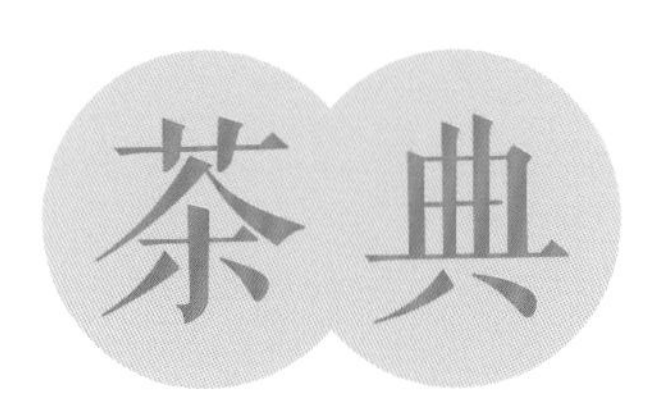

汀溪兰香茶创制于 1989 年，由陈椽教授亲自创制并题名，属于尖茶类名茶精品。采用传统手工精制而成的绿茶珍品，无公害、有机系列已十多次荣获国内外评比大奖，受到参评专家和广大消费者的一致赞赏。

尖茶是传统名茶，产于安徽省泾县。

茶学泰斗陈椽教授所著《茶业通史》考证：东晋元帝时，泾县即已成为我国有文字记载的最早贡茶产地。在清代，汀溪等地的尖茶已成批出口东南亚一带，在当时还有“洋尖”之称。

泡茶

迫不及待地泡上一杯，根根灵霄芽随着一柱清泉的注入，慢慢吸水，慢慢舒展，幽幽兰花香弥漫飘来，深深吸一口气，闭眸而饮，兰花香蕴含着豆香，一股劲地钻进每一个细胞，再降甘霖，叶芽在翠浆玉液之中，赏心怡情，如梦似幻。

汀溪兰香冲泡时，可以根据茶叶的老嫩、叶片的大小、采摘时间的早晚等因素来决定注水方式，根据茶与水投放的前后顺序可分为：上投法、中投法和下投法。

上投法：先在玻璃杯中注入90℃左右的水，七分满，向杯中投放3克左右的茶叶，然后晃动杯子，以便于茶芽充分吸水，待香气飘出，就可以倒入公道杯了。这种方法适用于茶芽细嫩、紧细重实、采摘时间比较早的茶叶。此法的优点在于让茶芽避免水流激荡，破坏内含物质，自然与水浸润，以利于茶汤的细柔清爽。

中投法：在玻璃杯中注入90℃左右的水，三分满，向杯中投放3克左右的茶叶，慢慢晃动杯子，使茶叶与水初步浸润，飘出茶香，然后采用高冲的手法向杯中注水至七分满，迅速出汤。这种方法适用于茶芽细嫩、叶张扁平或茸毫多而易浮于水面的茶叶。

下投法：用100℃左右的水把玻璃杯温热，放入茶叶，用力晃动杯子，干茶的香气飘出后，注入少量90℃左右的水，能浸润茶叶的水量即可，再轻轻晃动使茶叶与水初步浸润，然后采用高冲的手法再向杯中注水，七分满，迅速出汤。这种方法适用于叶张扁平或宽大老成的茶叶。

泡汀溪兰香建议选用的主泡器为玻璃杯，香气不会闷住，还能观茶舞。泡茶的时间也可以根据自己的口味调整，喜欢浓郁醇和口感的可以30秒左右出汤；喜欢清爽甘甜口感的可以迅速出汤。时间、茶量、温度、手法需要灵活掌握，便可泡出绿茶鲜甜香高、水醇汤柔的特点，一杯芳香味美的好茶会让人心旷神怡。

❶ 备具

❷ 赏茶

❸ 温泡茶杯

❹ 温公道杯

❺ 温品茗杯

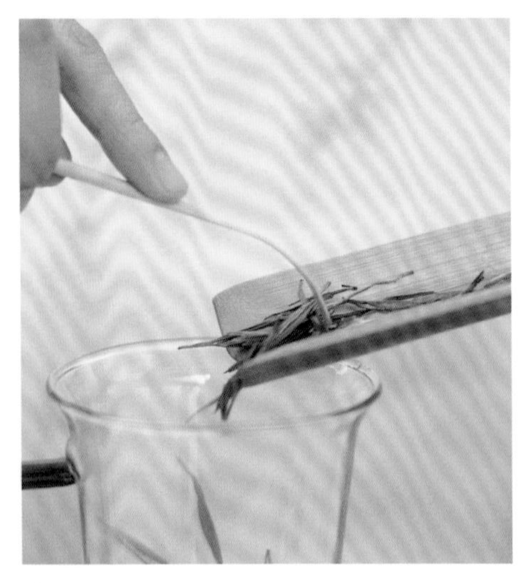

❻ 投茶

❼ 摇香

⑧ 泡茶

⑨ 出汤

⑩ 分茶

⑪ 请茶

⑫ 品茶

品茶

色

干茶色泽翠绿，外形犹如绣剪、仿若燕尾。汤色嫩绿、清澈明亮。

香

嫩香持久、高爽馥郁，兰花香明显高扬。

味

滋味鲜醇、甘爽耐泡。

叶底

叶底嫩黄、匀整肥壮，柔滑有弹性。

茶保健

现代科学大量研究证实，绿茶药理功效之多，作用之广，是其他饮品不可替代的，其滋味甘凉、生津止渴、先苦后甘、回味持久。汀溪兰香属天然无害绿色饮品，具有明目、清心、减肥、提神等功效。汀溪兰香绿茶2015年和2017年连续两年入选全国名特优新农产品目录；2016年被农业部评选为农产品地理标志保护产品，同年又荣获世界绿茶评比金奖；2018年荣获中国（杭州）国际名茶评比金奖。

存茶

汀溪兰香的保存需要密封，如锡纸袋、锡罐等，防止暴晒、吸水霉变，不要和带异味的物品同时存放，最好低温保存，可放冰箱或阴凉干燥通风的环境。

黄金芽

贵妃舞霓裳

春日里暖阳下，看山河草木，唯是孤独，寻觅着人间别样的烟火，安吉白茶的白化已是茶界奇葩，而黄金芽的问世，更是惊艳天上人间。

南国有佳人，轻盈绿腰舞。华筵九秋暮，飞袂拂云雨。

翩如兰苕翠，婉如游龙举。越艳罢前溪，吴姬停白纻。

慢态不能穷，繁姿曲向终。低回莲破浪，凌乱雪萦风。

坠珥时流盼，修裾欲溯空。唯愁捉不住，飞去逐惊鸿。

《长沙九日登东楼观舞》——唐·李群玉

黄金芽茶是二十世纪九十年代偶然发现的，经过十多年的选育，然后系统地完成了繁育，属于珍稀名茶资源，黄色变异茶叶新品种。黄金芽性状稳定，春、夏、秋三季新梢均呈金黄色，但由于其自然培育难，产量稀少，品种稀缺，市场难得，被戏称为“茶中大熊猫”，价格不菲，贵如黄金，而得名“黄金芽”。

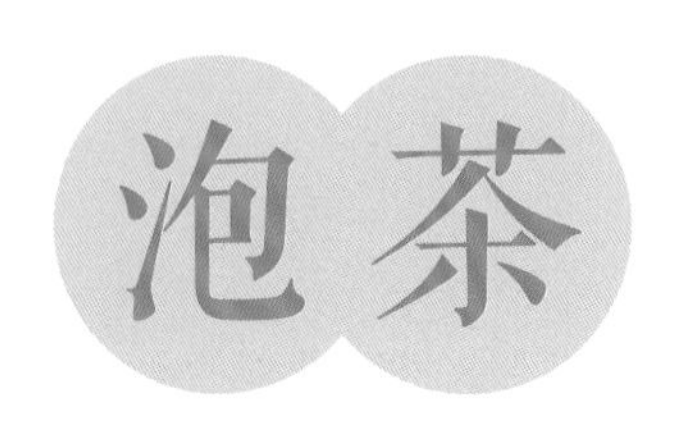

主泡器：选择玻璃杯或者玻璃盖碗。

茶量：可根据个人爱好，选择 3 ～ 5 克茶叶，不建议过浓的茶汤，淡雅的甜润更能让黄金芽的美好绵长悠远一些。

水温：85 ～ 90℃水可以将茶激活，保持茶内含物质的完整，滋味的醇正。

时间：迅速出汤或者 20 秒内出汤，可根据个人爱好而定。时间短些，茶汤清爽甘甜；时间长些，茶汤醇和饱满，会略带涩感，倒也是茶之真味，鲜也随之突出了一些（涩，生鲜）。

手法：下投法（先放茶后冲水）或者中投法都可以，采用高冲不给力的手法环冲为佳，这样茶叶吸水的过程均匀，茶叶的内含物质浸出充分，滋味饱满。

水质：无水不可论茶，选用矿泉水或者纯净水，香气更悠扬。

❶ 备具

❷ 赏茶

❸ 温盖碗

❹ 温公道杯

❼ 摇香

❺ 温品茗杯

❻ 投茶

❽ 闻香

❾ 冲水泡茶

⓫ 分茶

❿ 出汤

⓬ 请茶

⓭ 品茶

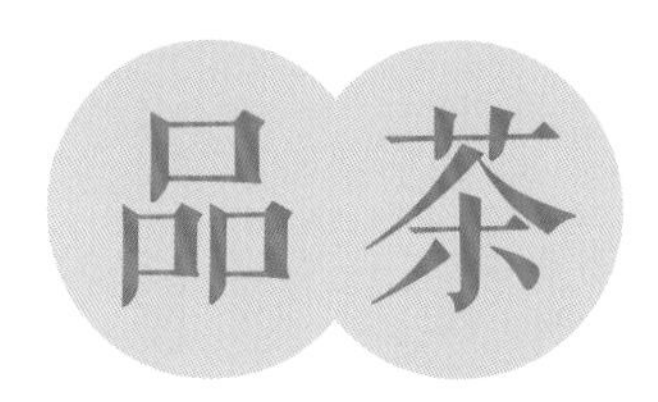

色

干茶：黄金芽多是一芽一叶，其干茶亮黄，秀长匀细，尾部翘起形似凤尾，所以称之为凤形。

汤色：黄金芽充分吸水以后，汤色明黄清澈。如选用白色山水主人杯品饮，就有如山河映画，忽如飞雨洒轻尘之美妙。（引皎然诗歌《饮茶歌诮崔石使君》）

香

干茶香气：在温热的玻璃杯中放入干茶，用力晃动，清香优雅的兰花香扑面而至。

茶汤香气：水漫金身，香气更加细腻、内敛，这时候品香有一份静谧、一份恬淡。

味

黄金芽的滋味清甜鲜爽，绵柔醇滑，回甘明显，生津快，轻啜一口，稍作停留，满口花香，回味悠长。

叶底

叶底完整均匀成朵，鹅黄明亮，游荡在白色的叶底盘里。

茶保健

黄金芽具有绿茶都有的抗氧化、抗癌等功效。值得一说的是，黄金芽的氨基酸含量高达 7% ~ 9%，普通绿茶的氨基酸含量仅存 2% ~ 5%。

存茶

黄金芽最好在 4℃低温保存或者冷冻、避光、避潮保存。

漳平水仙

匠心独具

识茶

漳平市位于福建省西南部，是福建省重要的茶叶产地之一。九鹏溪地区是漳平水仙茶的主产区，优越的自然环境条件，形成了其独特的品质，同时也成为了地理标志产品。

漳平水仙属于乌龙茶，分为水仙茶饼和水仙散茶两种。水仙茶饼更是乌龙茶类唯一的紧压茶，制茶工艺结合了闽北水仙与闽南铁观音的方法，再用一定规格的木模压制成方形茶饼，大小约 4 厘米，饼重量约为 10 克，用茶叶纸包好定型，最后用木炭火慢慢烘烤。这样的小块茶饼匠心独具、别出心裁，携带和泡饮都很方便。

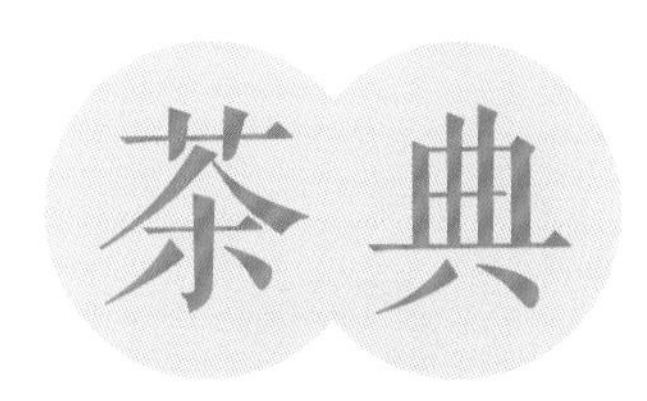

漳平水仙茶始于民国初期，产于双洋中村，由邓观金用独创的工艺创制了乌龙茶里独一无二的紧压饼类茶。

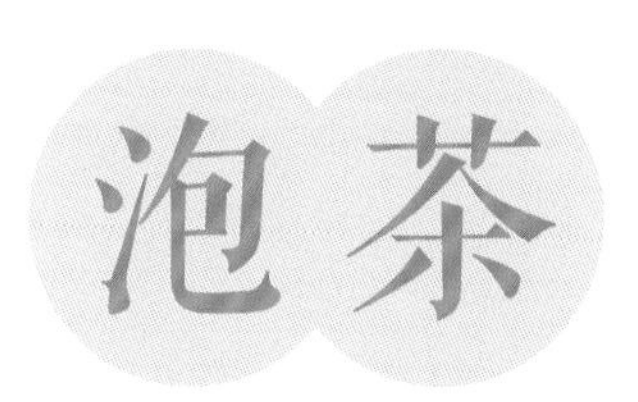

主泡器：白色盖碗或者大口紫砂壶均可。白色盖碗能聚香气，也能清晰地观赏水仙仙子在水中舞动姿态。红色的裙摆、绿色的腰身在白色玉碗中流转扭动，明媚娇艳，甚是好看。由于漳平水仙大多采两叶或三叶，叶大体宽，如果选用紫砂壶泡茶应选大口为宜，紫砂壶泡出的茶汤相对会更加醇和一些。由于漳平水仙香味悠长，浓郁且耐泡，所以也是养紫砂壶的首选茶品。

水温：鲜水仙可以用97℃的水冲泡。如果是散茶或者茶饼建议用100℃的水冲泡。

时间：第一泡可以选用迅速出汤，以便于保持茶香的清爽，第二泡以后可以根据口感爱好把控出汤时间（不喜欢有太重苦涩味道的饮茶者可以在5～10秒出汤）。

手法：开汤选用大流环冲的手法，以保证茶叶吸水充分、内含物质浸出均匀，泡开以后可以采用定点高冲的手法，以增加香气的发挥。

❶ 备具

❷ 赏茶

③ 温盖碗

④ 温公道杯

⑤ 温品茗杯

⑥ 投茶

❼ 泡茶

❾ 分茶

❽ 出汤

❿ 请茶

⓫ 品茶

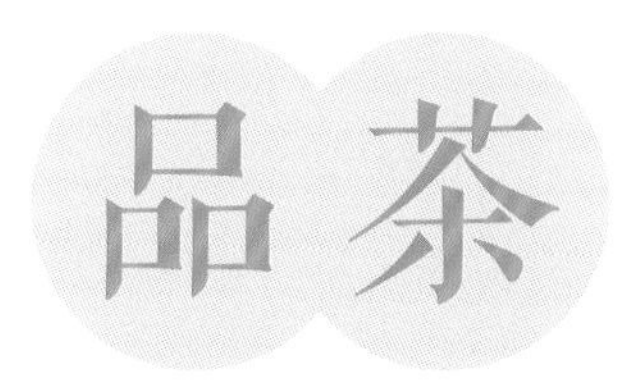

品茶

色

干茶：水仙茶梗粗壮、叶张肥厚、含水量高且水分不容易蒸发。

如果细分来看，散茶：外形条索紧结卷曲，似“拐杖形”“扁担形”。毛茶：枝梗呈四方梗，色泽乌绿带黄，似香蕉色。饼茶：外形呈正方形，色泽青褐间蜜黄或者乌褐间蜜黄起红点，俗称“三色茶”。

汤色：内质汤色橙黄或金黄、清澈。

香

干茶香气：用100℃的水温热主泡器，将茶叶放入，上下晃动，打开一细缝闻其高温香，如兰出阁，深吸会有桂花和果蜜香的萦绕。

茶汤香气：高温大水流将茶环抱，缓缓浸透，此时的香气清高细长，或许有人问：此茶名为水仙，是不是有水仙花的香气？其实多是兰花香和桂花香，根据采摘时间和制茶师父的技艺以及茶艺师的泡茶技法的不同，时而也会有果香、蜜香、奶香，那就看我们怎么把握这些要领了。

味

漳平水仙茶汤滋味会随着温度的变化有很大不同，热汤滋味醇爽细润、喉润好、有回甘；随着温度的下降，会有淡淡的涩感，但是会迅速散去，满口生津透花香，也是一种美的享受。

叶底

将叶底倒入白色瓷盘，茶叶好像复活了，肥厚柔软、红边闪现、均匀透亮，叶张主脉宽、黄，弹性好，丝滑如缎，这些也都是好的茶叶品质的特征。

茶保健

漳平水仙不易伤胃，除醒脑提神外，还兼有健胃通肠、排毒、去湿等功效，可以让您放心品饮。

存茶

漳平水仙茶带毛梗极易吸水，所以一定要干燥低温保存。如果是鲜水仙茶建议冷冻，并且密封，以防串味。

太平猴魁

掩映叶光含翡翠

太平猴魁属于中国传统名茶，产于安徽省太平县一带，主产区位于猴坑、猴岗、颜家，由13个村12个组组成，尤以猴坑高山茶园所采制的尖茶品质最优。

太平猴魁的鲜叶采摘十分严格。谷雨前后，芽梢长到一芽三叶初展时，方可采摘，立夏时节停止。雨天不采摘。采摘标准为一芽三四叶初展，并且要做到“四拣”：一拣山，拣海拔高、云雾笼罩的阴面茶山；二拣丛，拣树势茂盛的茶丛；三拣枝，拣粗壮、挺直的嫩枝；四拣尖，采回的鲜叶要进行“拣尖”，即折下一芽带二叶的“尖头”，作为制猴魁的原料。“尖头”要求芽叶肥壮，匀齐整枝，老嫩适度，且芽尖和叶尖长度相齐，以保证成茶能形成“二叶抱一芽”的外形。一般上午采、中午拣，当天制完。

采茶过程中最让人感慨的就是这些爱茶之人用双手理条和整形每一片叶子，如果没有对这片叶子的热爱，这份耐心是无法坚持的。

理条又叫捏尖，即将猴魁的一芽二叶用手捏成一条，力度要适中，不能破坏猴魁的茶汁，同时要保证其条条紧锁，不会散开。

整形现多用双层网夹进行，即将杀青叶一枝枝理平理直在筛网上，茶叶相互不折叠、不弯曲、不粘靠，双层筛网夹好后，用木滚轻轻滚压，叶片平整挺直即可，不要过度重压。经过精细制作的太平猴魁香味更浓。

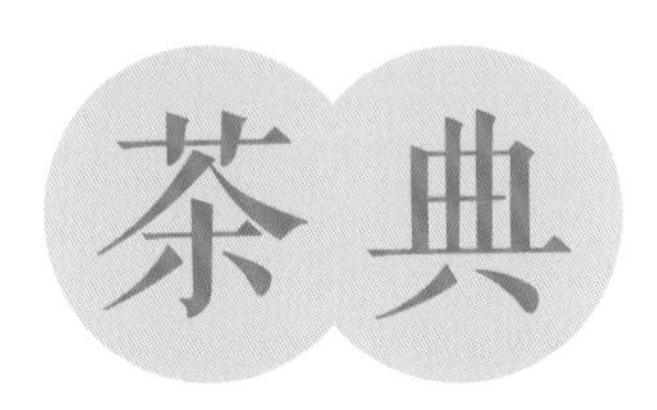

据史料记载，清光绪年间，家住猴岗的茶农王魁成(又名王老二)，特别精于茶叶加工，而且思路敏捷、点子多，受到茶商方南山对制茶工艺创新方法启发，也就是将尖茶中枝头大小相齐的芽叶单独拣出，单独包装，王魁成认为与其在成茶后挑选，不如在采鲜叶时就开始精挑细选，于是在高山茶园内选出又壮又挺的一芽二叶，精心制作，被称为“王老二魁尖”。由于该茶的品质位于尖茶的魁首，产于太平县猴坑、猴岗一带，创始人又名魁成，故将此茶称为“太平猴魁”。

泡茶

主泡器：200 毫升左右的高挑玻璃杯。因太平猴魁叶较长，选择高挑的玻璃杯来冲泡，可看到茶叶冲泡时的舞动。

茶量：取 15 ～ 20 根（3 ～ 5 克）茶叶放入杯中。

时间：当水浸透茶身，晃动杯体，20 秒左右出汤即可。

手法：用中水流环冲，尽可能不要直接冲在茶叶上，待杯中注水三分满，晃动杯体，茶香飘扬，再采用定点高冲的手法向杯中注水至七分满，将茶叶的内含物质充分浸出。

❶ 备具

❷ 赏茶

❸ 温泡茶杯

❹ 温公道杯

❺ 温品茗杯

❻ 投茶

❼ 泡茶

❽出汤

❾分茶

❿请茶

⓫品茶

品茶

色

干茶：太平猴魁外形二叶抱芽，扁平挺直，自然舒展，有“猴魁两头尖，不散不翘不卷边”的说法；叶色匀润，有些叶脉绿中隐红，俗称“红丝线”。

汤色：清绿明亮。

香

干茶香气：干茶在温热的高挑玻璃杯中用力摇晃，可以闻到清新的兰花香携着豆花香。

茶汤香气：随着水浸透茶身，芽叶或悬或沉，幽香如兰，韵味十足。大有“头泡香高，二泡味浓，三泡四泡幽香犹存”的意境。

味

小口细啜，滋味鲜爽醇厚，回味甘甜。口味偏重的茶客品饮时，会感觉清淡无味，实则这正是太平猴魁的特点：甘香如兰，啜之淡然，似乎无味。饮用后有一种醇正可口，意犹味尽的感觉。

叶底

将叶底捞出，用手按压，看芽叶的软硬、厚薄和老嫩程度，高档太平猴魁茶的叶底大多嫩匀肥壮、色泽嫩绿鲜亮。

茶保健

太平猴魁的茶多酚含量和氨基酸含量都是绿茶中较高的，可以有效帮助人体排毒、防辐射，喝茶之人经常说“绿茶养身，红茶养胃，乌龙茶养鼻”。

存茶

冰箱保存法：把茶叶放入冰箱之前，要先把茶叶放在干燥、无异味并且可以密封的容器里，再将茶叶放进冰箱的冷藏柜中，冷藏柜的温度最好调在5℃以下。茶叶最好小包分装储存，尽量与冰箱内其他食物分开存放，以免串味。

一笔画山河
宁红龙须茶

掌中调丹砂，染此鹤顶红。

何须夸落墨，独赏江南工。

（摘自宋代苏轼《山茶》）

在茶痴的杯盏中总是会见到一种像毛笔头一样的红茶，俗称宁红龙须茶，是我国最早的红茶之一，产于江西修水。

识茶

修水县位于江西省西北部，这里山林苍翠，雾绕奇峰，得天独厚的自然条件孕育出优质的茶品。

古时候的修水称宁州，因此这里所产红茶称宁州工夫红茶，简称“宁红”。这里的工夫，有双重含义，一是表明制作工艺的复杂；二是指泡茶之人的茶艺手法，需要一定的“功夫”。而宁红龙须茶的一枝枝芽叶被五彩丝线捆扎成一束束茶条，外观十分独特，也因其“身披红袍，形似须”的外形而得名“龙须茶”。

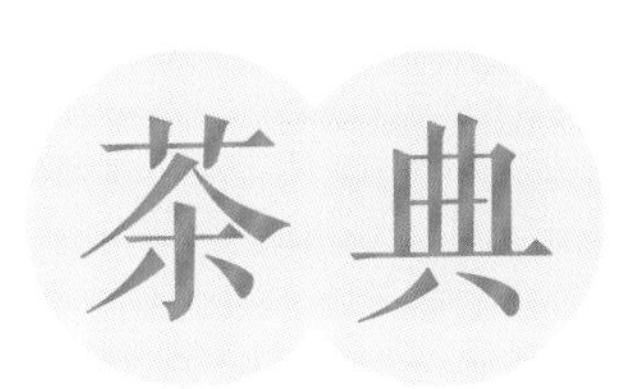

早在清道光年间用五彩丝线装扮的宁红龙须茶铺在宁州工夫红茶的上面，作为彩头或标记与宁州工夫红茶一同出口，象征着一个好彩头，五福连连，因此也成为当时有名的工夫红茶。

泡茶

拖住茶叶，慢慢剥掉五彩（红、绿、黄、蓝、白）丝线，最后留白色丝线束住底部，一枚丰满乌润的“神来之笔”尽现眼底。

主泡器：可以选择玻璃杯或者白色盖碗，玻璃杯可观茶舞，山河飘墨，散开的茶条簇拥而立，争相斗艳。白色盖碗中的龙须茶更是汤色淡雅，橙红透亮。

水温：将开水凉至95℃左右，这样的温度正好适合这款茶清爽味道的挥发。

手法：选用低冲大流定点的手法，这样能呵护茶整齐的外形，使内含物质均匀浸出。

时间：第一泡可迅速出汤，第二泡可以根据口感把控（淡味时间短，浓郁时间长）。

❶ 备具

❷ 备茶

❸ 赏茶

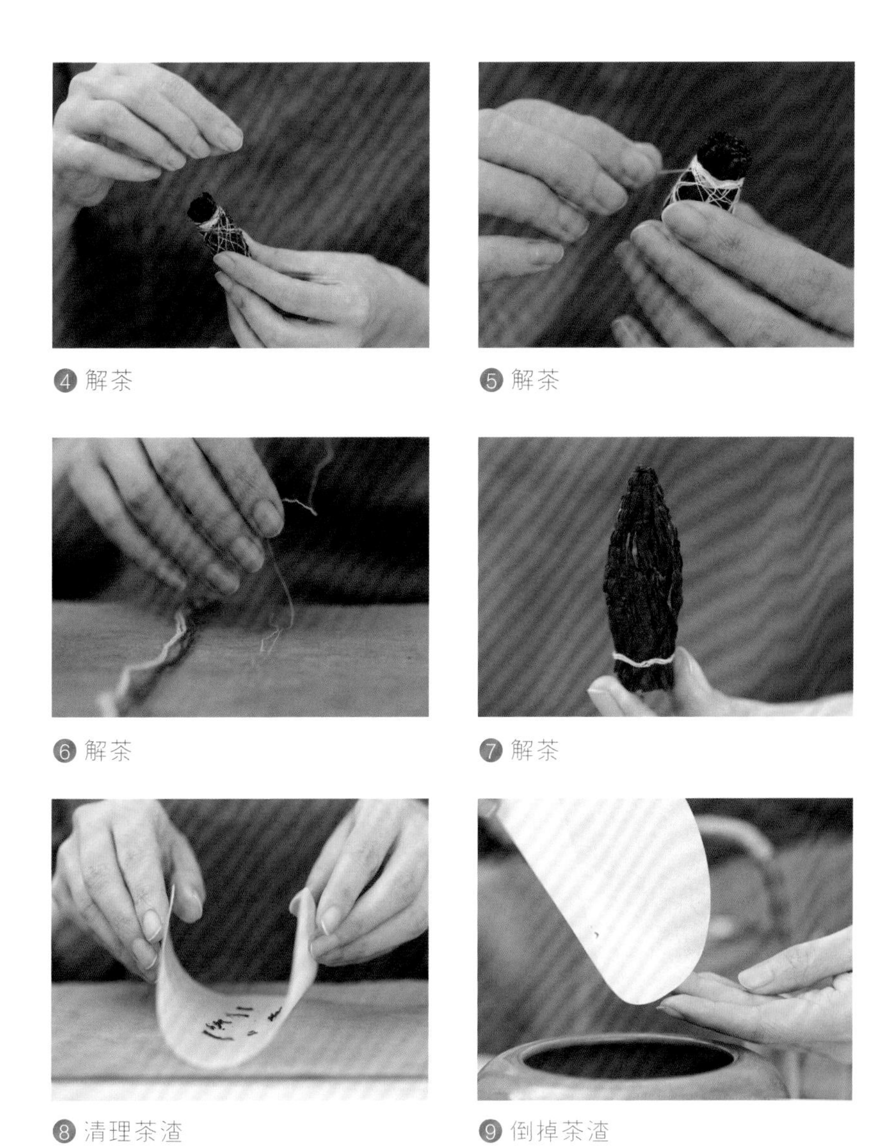

❹ 解茶

❺ 解茶

❻ 解茶

❼ 解茶

❽ 清理茶渣

❾ 倒掉茶渣

⑩ 温盖碗

⑪ 温公道杯

⑫ 温品杯

⑬ 投茶

⑭ 泡茶

⑮ 候汤

⑯ 候汤

⑰ 出汤

⑱ 分茶

⑲ 奉茶

⑳ 品茶

㉑ 赏茶

品茶

古人云，画分四品：逸品、神品、妙品、能品，以逸品为上。

茶亦有三品：目品即色品，鼻品即香品，口品即味品。

一枚龙须茶，一注清泉水，激起草木自然之气，纤毫落纸惊风起，一笔落墨画出山河之色。

色

干茶：将精选的完整茶条一根一根理直，根部比齐，短的扎在中间，长的裹在外面，用白色丝线将底部芽尖扎紧，用五彩丝线将茶身捆成网状，似化了妆的竹笋、英姿飒爽的红缨枪。

汤色：头泡汤色为橙红色、较为明亮，静置片刻，汤色会变得金红清透，如同一抹残阳映山河，美不胜收。

香

干茶香气：在温热的主泡器中散发出熟果香味。

茶汤香气：与水拥抱在一起后，茶汤的香味醇爽，并伴有浓浓的果蜜香味，悠长持久。

味

滋味醇厚甜美，久泡后苦涩味也不明显，甘之如饴，如果做成奶茶或者茶果冻滋味会更加与众不同。将其放置造型器皿中冻成冰块绝对是孩子们的最爱，也是时尚女士夏季浪漫的记忆。

叶底

解去底部的白色丝线，漂在白色叶底盘中的每根茶，体匀红亮、芽头硕壮，以一芽一叶及一芽二叶为主，少量一芽三叶初展。

茶保健

宁红龙须茶长饮有消食、化痰、利尿、解毒之功效。

存茶

此茶的保存比较简单：避光、避潮、避异味即可。

千姿娇媚落红尘

祁门工夫茶

祁红是“祁门工夫红茶”的简称。祁红是我国传统工夫红茶的珍品，有百余年的生产历史，出产自安徽祁门。这款红茶还有一张引以为豪的名片，就是它与印度大吉岭茶、斯里兰卡乌伐茶并列为世界公认的三大高香茶。

祁红经历萎凋、揉捻、发酵、烘干等十几道工序，沉淀出醇香、甘甜、温和的独特魅力。

冲泡祁红时静心屏息，迅速出汤，兰花的香味扑鼻而来；带着清新的香甜与醇厚的滋味迷醉了你的口腔。不得不感叹能给人带来如此美妙的体验。

识茶

祁红产于安徽祁门及毗连的石台、东至、黟县、贵池等地。因其制作工艺比较费工夫，故称“工夫”红茶。需要采摘鲜嫩的芽叶，叶面要张开；经过萎凋，色变暗绿，叶变柔软；再经过揉捻，暗绿色变成浅绿色，叶成条状；经过发酵，颜色变成紫铜色，叶紧卷成条；最后烘干，色泽乌黑油润，泛灰光，俗称“宝光”，体积变小，锋苗显；开汤后祁门红茶的香气既浓郁又高长。因此把祁红这种地域性香气称为“祁门香”和“群芳最”。

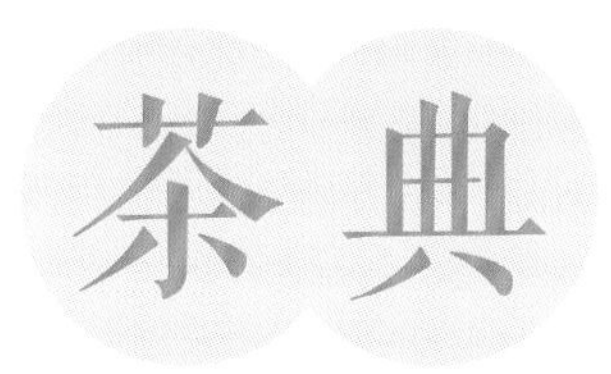

相传公元1875年，有个来自安徽黟县叫余干臣的人在福建为官，后来回到安徽老家。以前祁门这个地区所出产的茶品都是绿茶，由于余干臣已经习惯了正山小种的口感，于是他仿照“闽红”，制作工夫红茶。当第一批红茶制出时，那股从未品尝过的奇异甘醇和甜香，从内心震撼了余干臣以及茶商们，他便相继开了几个红茶茶庄，凭借着“香高、味醇、形美、色艳”的四绝特色，还将茶叶销售到了海外，受到了外国人士的喜爱。后来他将这种制作工艺制出的红茶，统一命名为“祁门工夫红茶”，简称“祁红”，人们尊称余干臣为“祁红创始人”。

泡茶

用定瓷盖碗配佳茗可谓珠联璧合。茶水之比 1:50 为佳。茶叶多了会出现刺激感，特别是优质红茶，茶叶少了香气会不足，口感淡薄。水温在 90℃上下较好。水温高了会伤了茶叶的柔美身段，水温低了无法让茶叶的口感尽情展现。用高冲的沸水激荡祁红，唤醒它心灵深处的香气。

祁红除了第一泡需要高冲水，以后每一泡都应细流缓冲，以绕杯为主要手法（如果直接把水打在茶叶上，它的韵就不够醇厚，黏滑度也会降低），这样才可将最美的茶叶展现得淋漓尽致。闷泡的时间可根据每一泡内含物质的挥发状态（内含物质的多少需要从前一泡的茶汤口感和再冲泡时的香气来作出判断，这个需要长期的经验积累）选择相应的时间和冲泡手法。第三泡以后，还可以加入 1~3 粒玫瑰，一起浸泡，它的香和韵会更加无穷无尽，这份美妙难以表达。

❶ 备具

❷ 赏茶

❸ 投茶

④ 泡茶

⑤ 出汤

⑥ 分茶

⑦ 品饮

1. 盖碗用前应以盖碗七分满测量容积，借以判断投放茶叶的克重。
2. 水沸腾后马上泡茶。
3. 如果闷泡久了，会出现酸味，不润滑。

品茶

色

干茶：祁红的干茶以乌润为上品，褐润为中品，灰枯为下品。干茶中不能有非茶夹杂物，无梗，以外形匀整者为好。

汤色：红茶的汤色以明亮、红艳、润泽为优，以灰暗、浑浊为次。

香

干茶香气：将干茶放入温热的盖碗中用力摇晃，使茶叶受热而散发香味，仔细嗅闻，香气纯正持久，以无烟味、焦味、霉味、馊味或其他不止常的气味为止。

茶汤香气：开汤后将茶汤倒入公道杯，迅速嗅闻杯中的高温香，然后闻盖子上的冷香，最后重新闻杯里的中温香，以绵长悠远为正。

味

品鉴红茶滋味，需要口含少量茶汤，充分接触味蕾，用舌头细细品味，刺激性越强，说明茶黄素含量越高，品质越好。

叶底

将泡过的祁红叶底倒在白色的瓷盘中观察，以色泽匀亮、净度高的为好，用手按压，以柔软、有弹性的为好，叶底粗老、色泽发暗的为劣质茶。

茶保健

祁红不仅品饮时让人气定神闲，还能愉悦身心。祁红中的咖啡碱有提神益思的功效，多酚类物质能消除疲劳，延缓衰老。

存茶

祁红的保存方法有：石灰储藏法、木炭储藏法、锡纸袋储藏法。密封后在干燥、阴暗处保存即可。

贵族魅力
君山银针

识茶

君山银针为十大名茶之一，属于黄茶类，产于湖南岳阳洞庭湖中的君山，因纤细如针，故而得名。

君山银针有九不采：雨天不采、风伤不采、开口不采、紫色芽不采、空心不采、弯曲瘦弱芽不采、虫伤不采、露水芽不采、冻伤芽不采。

第一次喝的君山银针还是老师送的，知道君山银针难得，不舍得喝。它的娇贵，该是得一份闲暇、一份宁静、一份烂漫的心情，才可得其真味，赏一世繁华。

茶典

据民间传闻，舜帝南巡崩死途中，娥皇、女英闻讯前来奔丧，途经洞庭湖遇到大浪，幸得72只青螺聚集成山，将她们救出。二妃在山上悲痛欲绝，泪洒青竹，成为湘妃竹；泪入山土，长出了茶树。因为她们是君王的妃子，所以此山名叫君山，这些茶便叫君山茶。

相传，后唐的第二个皇帝明宗李亶第一回上朝，侍臣为他捧杯沏茶，当水入杯时，突然一团白雾腾空而升，乍现白鹤一只，点头三下，翩然而去，而杯中的茶，如破土而出的春笋悬空竖立，而后慢慢下沉矗立杯底。明宗问侍臣缘由，侍臣回答说："这是君山的白鹤泉（即柳毅井）水，泡黄翎毛（即银针茶）之缘故。"明宗心里十分高兴，立即下旨把君山银针定为"贡茶"。

泡茶

欣赏君山银针绝美的身姿，主泡器选用玻璃杯最为适宜，80℃左右的水开汤为最佳，如果水温太高，茶的香味会被闷住，茶很容易被烫熟。茶水比一般在 1:50，多之苦涩，少之味浅。

品茶

色

干茶：色泽金黄光亮，布满银色毫毛。品质以明暗区分，越亮、品质越高。

汤色：橙黄清亮较好，暗者次之。

香

干茶香气：玻璃杯用热水烫一下，把茶叶放进去，然后用力晃动玻璃杯，这样干茶的茶香会被激发出来。这时候可以邀请茶友一起分享干茶清雅的花香。

茶汤香气：提壶注水三分满，转动杯子，让茶叶吸水，慢慢舒展，此时闻一下它的香味，已然有了绿茶的清爽豆香，美妙绝伦。

味

正宗的君山银针，一杯茶汤有三种回味。第一种清香怡人，有动情之味；第二种香味浓郁，有情浓的甘露之味；第三种回味无穷，是大自然的灵气之味。

叶底

嫩黄匀亮为最佳，叶枯、色泽晦暗则属下品。

君山银针属黄茶类，有区别于绿茶类的一道制茶工序——闷黄，在此制茶工序中产生了大量的消化酶，所以君山银针不仅可以消炎杀菌、防癌，还能健脾胃、助消化，夏天饮用还能明目消火、清热醒脑，驱赶酷夏带来的烦躁。

存茶

轻捧杯盏，闭目啜饮，如痴如醉，既有绿茶的鲜爽，红茶的温和，又有乌龙茶的高香，还有黑茶的醇美，言不尽的情味，喝不尽的美好。

君山银针的保存需要密封低温，最好是放在冰箱里冷藏。避免与其他食物放在一起，那样容易串味，使得茶香不纯正。

儒雅高歌 铁观音

识茶

铁观音又称闽南乌龙茶，原产于福建省南部安溪县西坪镇，是半发酵茶，介于红茶和绿茶之间，属于青茶类（乌龙茶），是“中国十大名茶”之一。

近几年随着信息和物流的飞速发展，涌入北方市场的茶品越来越多，铁观音的市场被瓜分，可它稳重儒雅厚实的美好，依然让人在某个心情里、某个季节中想起、重温！

为了更好地适应北方市场，铁观音在传统工艺上做了创新。市场上出现了三大基本类型：清香型、浓香型、陈香型。

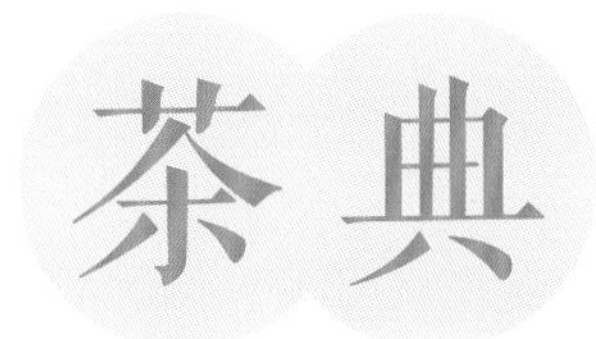

关于铁观音，民间有不少传说。

相传清乾隆年间，安溪尧阳松岩村（又名松林头村）有个老茶农叫魏饮，制得一手好茶，而且他十年如一日供奉观音，从不间断，虔诚至极。

有一夜，观音入梦，指点他看到山崖上长着一株有兰花香的茶树，枝叶繁茂，与曾经见过的茶树都不相同。

第二天，他按梦中的记忆寻找，果然发现了茶树。他欣喜若狂，于是精心培育研制。因为此茶是观音托梦而得，所以取名“铁观音”。

还有一种说法，同样是在清乾隆年间，安溪西坪尧阳南岩村，官员王士让在书房后院发现一株奇特的茶树，圆叶红心，有似兰花之香郁，于是移植到花园中精心培植，按乌龙茶工艺制作，乌润结实，沉重似铁，味香形美，犹如观音，故而取名“铁观音”。

泡铁观音选用透气不透水的紫砂壶最佳（茶香，不失真味），盖碗次之。

❶ 备具

❷ 温壶

❸ 温杯

④ 倒水

⑤ 赏茶

⑥ 投茶

⑦ 泡茶

❽ 出汤

❾ 分茶

❿ 闻香

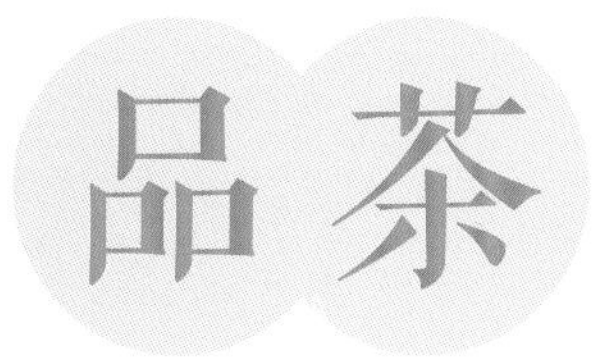

色

干茶：清香型色泽油亮沙绿；浓香型色泽乌润；陈香型色泽枯暗。

汤色：种类不同汤色不同，一般有淡绿色、绿黄色和金黄色之分。

香

干茶香气：沸水温壶，放入干茶，香气清幽，淡雅纯洁。

茶汤香气：轻轻在鼻下嗅闻，先是茶香，接着是花香，逐一入鼻。

味

清香型口感稍显清淡、微甜，茶汤黄绿，花香高扬，北方人较为青睐；浓香型铁观音口感较为厚重，略有苦味，回甘生津迅速，相对于清香型铁观音性温、暖胃，适合口重和胃口不好的人饮用；陈香型铁观音又称为老铁，由于长时间储存，而且会隔段时间就重新焙火，所以口感更醇厚、润滑、柔软、沉香绵长。

由于人们太熟悉它的滋味，所以泡法各不相同，总有茶客会问：这茶啥味？那茶啥味？其实品茶到了一定高度，茶就是茶味，香只是茶香，因此如何去泡一款茶就没有了绝对性的标准，只为适者寻一手泡法，苦甜浓淡均能随心所欲，这也是泡茶的一个新境界。

叶底

铁观音的叶底呈椭圆形，绿叶镶红边，叶厚肉多，用手抚摸如绸缎般光滑柔软。

茶保健

铁观音除具有一般茶叶的保健功能外，还具有消食解腻、减肥瘦身、美容养颜、提神益思等作用，经常饮用还可以防癌、降血脂等。

（引自《中国养生茶》）

存茶

铁观音的保存一般要防压、防潮、避光、防异味。铁观音的保存方法可以参考以下几种：抽气充氮储存法；低温储存法，放在5℃的冰箱中，与其他食物分开放置，这是最为简单的方法。

手捧观音，闭目细品，它的花香在秋日里绽放着，不急不躁，从容不迫；永不失生命的绿色，在那里儒雅高歌。

蕙质兰心

大叶滇红

识茶

大叶滇红产于云南普洱茶区，属于红茶类，其外形条索紧实，色泽乌润，汤色红艳明亮，香气浓郁高长。这是一款不可多得的好茶。

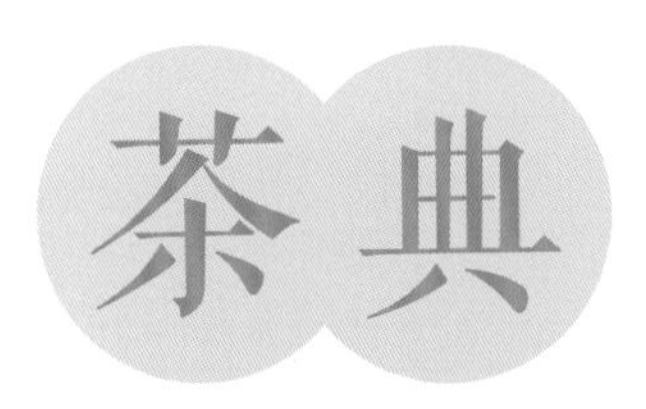

茶典

关于滇红，恐怕要从冯绍裘说起。

1938年11月，正值抗日战争初期，中茶公司技师冯绍裘先生来到了滇西顺宁（今云南凤庆），亲手制作了红茶和绿茶两个茶样，后来在世界茶博览会中一举夺魁，从此闻名于世。

他在《滇红史略》中写道："滇红，创制出来了，当时，我拟定名为'云红'意即安徽'祁红'，湖南红茶称'湖红'，故云南所产红茶亦可称'云红'也，同时又想借天空早晚红云寓意其中，但原中国云南省茶叶公司方面提议用'滇红'雅称，即借云南简称'滇'，又借得巍巍西山龙门瞰下秀丽的滇池一水，也别有妙处，我则不违众人之意，最终以'滇红'定名。"

泡茶

温热的盖碗拥抱着大叶滇红一起摇动，将它的香味尽情散发；95℃的水高冲而下，落在软软的滇红上，浸浸漫漫，茶的汤色发生变化，香味也更加醇厚。萎凋的成熟，揉捻的苦难，烘烤的锤炼，在长久期盼的甘泉里，尽情舒展。

❶ 备具

❷ 赏茶

❸ 温烫盖碗

❹ 投茶

❺ 出汤

❻ 分茶

❼ 品饮

品茶

色

干茶：云南红茶简称滇红，属红茶类。成品茶的条索粗壮、肥硕、紧实、匀齐、纯净，色泽油润、金毫显露，按照金色深浅，可分为淡黄、菊黄、金黄。

汤色：茶汤红浓艳丽，呈清澈的亮红色。

香

干茶香气：茶味极重，瞬间入侵嗅觉，攻势凌厉。

茶汤香气：茶汤气味浓郁，有极重的红茶气息，还伴有花果清香。

味

滇红口感浓厚，最先尝到的可能是苦涩，在口腔多逗留片刻之后便能品到馥郁的花果清香。

叶底

叶底红匀明亮，楚楚动人。

茶保健

滇红有利尿、消炎、杀菌的作用。

（引自《中国养生茶》）

存茶

滇红最常见的储存方法是罐储。可选用市面上销售的马口铁罐或铁听，也可采用放置其他食品的铁听、铁筒，但是要消除原来食品的味道。

家庭储茶最流行和最常用的方法是用铁听储茶，简单方便。装有茶叶的铁听，应置于阴凉处，不能放在阳光直射或潮湿的地方。

西湖龙井
舌一畅

识茶

西湖龙井茶的采摘有三大要求：一是早，二是嫩，三是勤。西湖龙井因产地不同分为狮（狮峰山）、龙（龙井）、云（云栖）、虎（虎跑）、梅（梅家坞）等。其中以“狮峰龙井”最为正宗。

茶典

西湖龙井位列名茶之首，产于浙江省杭州市西湖龙井村，周围群山环抱。

关于西湖龙井的传说有很多，广为流传的是：乾隆皇帝下江南时，来到杭州龙井狮峰山下，看见几个乡女正在采茶，歌声笑声荡漾在飘香的绿色茶园中，景美人美，乾隆皇帝十分欣喜，于是也学着采茶。

忽然太监来报说太后有恙，请皇上急速回京，乾隆皇帝随手将刚采的那一把茶叶向袋内一放，赶回京城。乾隆皇帝见到太后，太后闻到一股清香，询问是何物？乾隆随手一摸，原来是杭州狮峰山的一把茶叶。

太后急不可待，让宫女将茶泡好后饮下，顿觉双目清爽，胃胀舒缓，于是大赞：“杭州龙井的茶叶，真是灵丹妙药。”

乾隆皇帝见太后如此高兴，立即传令下去，将杭州龙井狮峰山下胡公庙前那十八棵茶树封为御茶，进贡太后。至今游客到达狮峰山必会在御树前留念。

泡茶

冲泡西湖龙井最适宜的主泡器是玻璃杯，水温为85℃左右（因为茶身较大，水温稍高一点，能充分润泽）。茶水比为1:（50～60）。温杯，置茶，用力晃动杯体，西湖龙井的茶身也随之来回摆动，清香扑鼻而来；润茶，放1/3的水，茶与水亲密相拥，同向旋转，共舞一曲华尔兹，香气更加馥郁；高冲水，茶开始在水中上下翻飞，尽显妩媚，嫩绿如春柳，匀齐成朵，芽芽直立，栩栩如生。

❶ 备具

❷ 温杯

❸ 投茶

❹ 泡茶

❺ 出汤

❻ 分茶

❼ 闻香

品茶

色

干茶：西湖龙井茶，外形扁平，光滑挺秀，芽长于叶，色泽绿翠，“狮峰龙井”色泽略黄，俗称“糙米色”。西湖龙井素以“色绿、香郁、味甘、形美”四绝著称。

汤色：绿黄明亮，碧澜清透。

香

干茶香气：品质好的龙井，干茶有一种清香，而品级不高的龙井，则有一种陈旧的气味。

茶汤香气：轻捧茶盏，细细体会，豆香、栗香高锐持久，深吸一口，香馥若兰。

味

啜饮，鲜醇嫩爽，生津甘甜，入骨沁心，齿颊留香，回味无穷。

叶底

好的龙井芽叶细嫩均匀，青绿明亮。差的龙井芽叶则暗淡无光，芽叶粗老，缺乏弹性。

茶保健

龙井茶不仅好看、好喝，还能提神、生津止渴，具有抗氧化、抗过敏等功效。

存茶

储存西湖龙井茶还是有点讲究的。茶怕氧化，所以不能放在阳光下；茶还怕潮、怕异味、怕热，所以放在 4℃的冰箱里用锡纸袋密封好是比较好的储存方式。为了防止茶叶氧化，还可以将茶按饮用习惯少量分装储存。

大红袍
染半壁江山

识茶

大红袍是福建省武夷山市的一种名片级岩茶，也是中国茗苑中的奇葩，被定义为“岩茶之王”“茶状元”，大红袍与铁罗汉、白鸡冠、水金龟合称为“四大名枞”。

大红袍属于乌龙茶类。乌龙茶类比较难泡，特别是武夷岩茶，因为它的岩骨花香需要力度和定力才可以发挥到极致，力度是为了把它的岩韵逼出来，定力是稳住茶汤的醇厚。

大红袍的珍贵由来已久，一杯香茗奉给知己，愿他人也能品得茶的真谛，一瓯清茶留给自己，感悟百味人生。

关于大红袍，有这样一个故事，传说有一个秀才进京赶考路过武夷山时，突然腹痛难忍，病倒路边，幸遇天心寺方丈，将九龙窠岩壁上的茶树芽叶制成的茶叶泡予他喝，随即病痛好转。

秀才中得状元后，恰遇皇后疾病难医，与他在赶考路途中的疾症相仿，于是秀才取武夷茶献上，果然茶到病除，皇上大喜，赐红袍一件，命状元亲自前往九龙窠，披在茶树上以示龙恩，并从此成为贡茶。此茶树在阳光下闪烁红光，所以称为“大红袍”。

泡茶

主泡器首选是紫砂壶，在透气不透水的世界里，大红袍的气息发挥得更加充分和自由。用100℃的沸水高冲猛烈击打，1:20的茶水比，迅速出汤，来一场有力量的茶汤体验吧。

❶ 赏茶

❷ 投茶

❸ 润茶

❹ 刮沫

❺ 润茶水倒掉，不喝

❻ 泡茶

❼ 淋壶

❽ 出汤

⑨ 茶巾擦拭茶渍

⑩ 分茶

⑪ 品茶

品茶

色

干茶：大红袍外形条索紧结壮实，像是蜿蜒伸展的龙。色泽乌黑油润，更是彰显着沉着儒雅，此茶气质刚烈霸气、爽活，泡好此茶，对于女性茶艺师具有很大的挑战性。

汤色：第一泡汤色橙红明亮，随着此茶冲泡次数和内含物质的充分浸出，茶汤有时候呈琥珀色。

香

干茶香气：干燥的大红袍带着火候的味道，有点焦香。

茶汤香气：大红袍一见水，一股清爽香气就荡漾开来，深吸一口，从鼻中呼出，略带焙火的煳香，深藏着幽幽桂花香和果香，若怕香气逃跑，可以直接将茶汤分入闻香杯中，温热，再倒入品茗杯中，高口的闻香杯，犹如开满百花的幽谷，随着温度的逐渐降低，我们可以领略到高温的香锐，中温的醇和，低温的淡雅。

味

第一泡一般不做饮用，称为醒茶或者润茶，第二泡依然选用高冲的手法，可以稍慢出汤，茶汤入口甘爽顺滑，鲜活甜美，岩韵悠长，浓饮而不见苦涩。

叶底

大红袍叶底绿中带黄，周边泛红，且有沙砾一般的凸起，俗称“蛤蟆背”。用手指捏叶底，柔软顺滑，富有弹性，即是佳品。

茶保健

大红袍不仅有抗癌、降血脂、增强记忆力等功效，还可以美白肌肤。

存茶

因为大红袍有极强的吸附性，所以要求在干净的环境中保存，不能用有味的塑料袋，可以用密封的茶叶罐。因为茶叶的香味大多是在加工过程中形成的，稳定性不够，所以要少量分装，以免氧化。茶叶还不能放在阳光下，需要避光，也要防潮。

茶中女神
白毫银针

识茶

白毫银针主产于福建省福鼎市和南平市政和县，是福建名茶，亦是中国十大名茶之一，乃白茶中的珍品，因为原料为单芽，形状似针状，白毫披背，色如白银，故而得名白毫银针。

白毫银针有北路银针和南路银针之分。北路银针（福鼎大白茶和大毫茶）的毫心肥硕，银毫密披，外形优美，汤色清透，呈杏黄色，香气清雅，滋味清新。南路银针（政和大白茶）外形粗壮，芽体瘦长，毫色银灰，茸毛略薄，香气比较清新鲜爽，滋味更显浓厚。因此可以根据个人口味爱好，选择不同的银针品饮。

研习各大茶类泡法时，总觉得白茶最好泡，因为它的加工工艺最为简单，只需要自然萎凋、干燥即可，不炒、不揉，采摘时根据气温采摘一芽一叶初展鲜叶，做到早采、嫩采、勤采、净采。芽叶成朵，大小均匀，留柄要短，轻采轻放，竹篓盛装、竹筐储运。

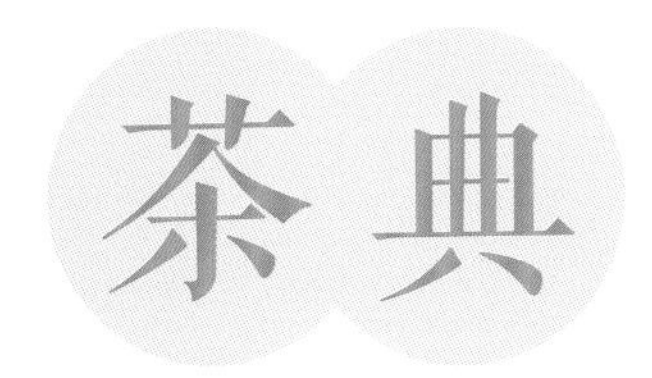

茶典

相传很久以前，在政和一带大旱成灾，瘟疫肆虐，众乡人听说在洞宫山上的一口龙井旁有几株仙草，草汁能治百病。

上此山有一个魔咒：只能往前走，不可以回头看，很多寻仙草的人忍不住，结果有去无回。

有户人家，家中兄妹三人：志刚、志诚和志玉，看到村人死伤无数，于是立志轮流寻找仙草。

大哥首当其冲，他一口气爬到山腰，眼见乱石满山，处处弥漫着恐怖和阴森，让人不寒而栗，这时候他忽然听到一个声音："你敢往前？"志刚惊魂，于是回头去看，立刻就变成了山上的一块新石头。

二哥志诚整装出发，沿着大哥的路去寻找仙草，然而他的遭遇和哥哥一样，最后也变成了石头。

妹妹志玉从小聪明伶俐，她沿着哥哥们的脚步继续寻找，当异象横生、怪音四起时，她坚持忍着不回头，最终寻得仙草，将种子带回，撒遍山野，为众乡亲解了瘟疫之灾。这种仙草，就是白毫银针。

泡茶

冲泡需 90℃左右的开水，以 1:50 的茶水比例入杯或壶，才能冲出白毫银针最美的味道。

❶ 备具

❷ 温烫盖碗

❸ 烫盖碗，倒水

❹ 温烫杯子

❺ 温烫杯子，倒水

❻ 赏茶

❼ 投茶

❽ 注水

❾ 泡茶

❿ 出汤

⓫ 分茶

⓬ 品茶

品茶

色

干茶：取茶放进茶荷，细细端详。它白毫隐翠，匀整肥壮，长约3厘米，熠熠闪光，令人赏心悦目。以毫心肥壮、银白发亮、匀整干净者为上品；芽头细小、颜色发灰白者次之。

汤色：汤色杏黄，茶芽条条挺立，上下交错，望之有如石钟乳，蔚为奇观。

香

干茶香气：干挺的白毫银针，需要用力嗅才能闻出茶的香味。但如果在温热的杯中，则会发出一种果香，在鼻尖轻绕。

茶汤香气：与开水拥抱之后，茶汤的果香更加浓郁，伴随着茶香扑鼻，难掩其高贵气质。

味

一泡之后，轻啜慢品，甘甜幽香，只是醇度还是欠了一些。继续第二泡，低冲，以保护茶的内含物质慢慢地完整浸出；闷茶，为的是延长出汤时间，使内含物质浸出量增加，口感会浓醇一些；出汤，汤色变深，品味，时间沉淀出的稳重、厚实已然显现。甘醇于喉底，毫香、甜香缠绵在时光里，天之精华，地之灵气，此时极好。

叶底

白毫叶底有清晰可见的芽头，整齐均匀，颜色鲜亮，捏起来柔软肥硕，看起来十分憨厚。

茶保健

白毫银针的保健功效一直被世人所推崇，深受东南亚和欧美等国家消费者的喜爱，是我国重点出口茶品。

白毫银针，性寒凉，有祛湿退热之功，降虚火，解邪毒，故有“功若犀角”之美誉，可安神、养心、怡情。

在清代周亮工的《闽小记》中，有很好的说明：“太姥（mǔ）山古有绿雪芽，今呼白毫，色香俱绝，而尤以鸿雪洞为最，产者性寒凉，功同犀角（一种贵重的中药材），为麻疹圣药，运销国外，价同金埒（即价同金相等）。”可见白毫银针保健功效之珍贵。

存茶

白毫银针对保存环境的要求不是很高，只要放在阴凉、干燥、通风的地方就可以，避免异味，用密封的器皿封好，存放时间可以久一些，它的药理效果会高于它的饮用价值。

老白茶与新白茶的泡法不同，品种、时间、空间、心情在不同状态时，泡茶几大要素也要随之调整。中国茶类之多，茶品之繁，工艺之巧，使得茶艺研习的路越来越长，深深感受到中华民族茶文化的博大精深。

茯茶
淡淡沉香

识茶

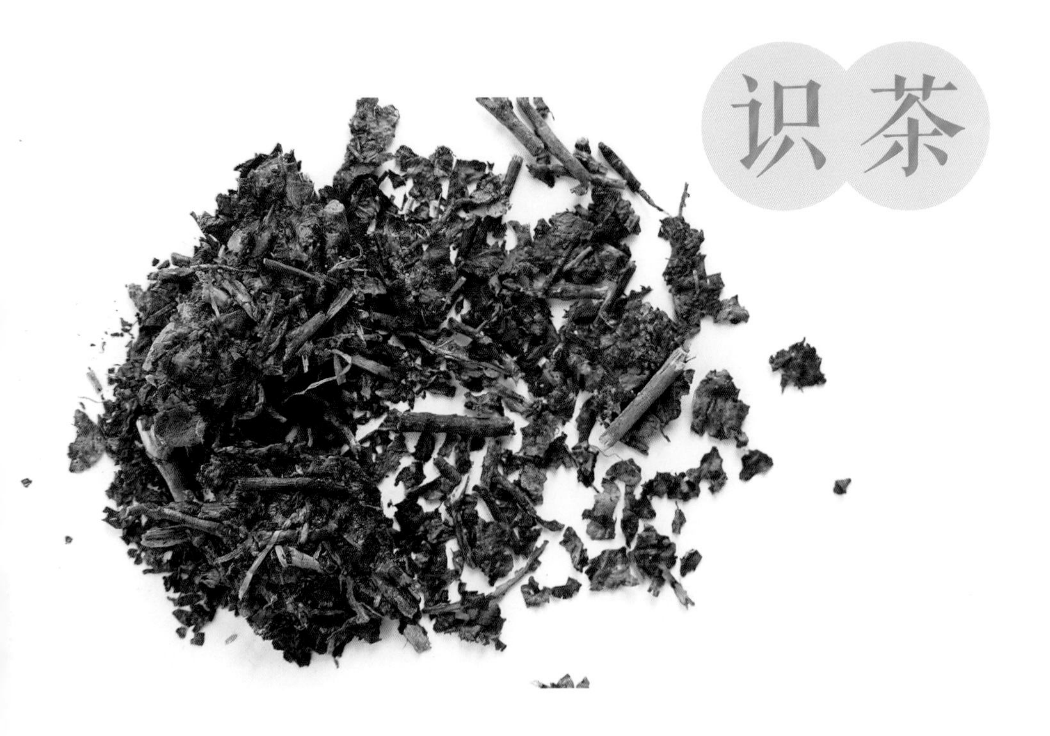

茯砖早期称为“湖茶”，因在伏天加工，故又称“伏茶”，因原料送到泾阳筑制，又称“泾阳砖”，因其药效似土茯苓，就将“伏茶”美称为“茯茶”或“福砖”。

茯砖茶，属黑茶（也是边销茶），外形为长方砖形，是紧压茶中比较有代表性的一种。

茯砖茶紧致、粗犷，最适宜用100℃的开水高温冲泡或熬煮，茶水比为1:20，多则汤苦。

茶典

当年慈禧太后逃难于西安，因为舟车劳顿，内生急火，茶饭不思，体疲头晕。此地一名叫周莹的寡妇以茯砖茶为商，富甲一方，曾经为了支持清政府抗击八国联军赠送白银十万两，被授予“护国夫人”之匾牌，闻得老佛爷身体不适，她便煮泾阳茯砖茶调理，不日老佛爷便精神焕发，舒心缓体。老佛爷大喜，于是认周莹为民间唯一义女，并诰封“一品夫人”。

泡茶

茯砖茶可以做成奶茶。基本流程为：将碎茶放进煮茶器中，沸煮 10 分钟左右，加入 1/4 的鲜奶煮开，用滤网过滤茶沫，根据个人口味，可以加入蜂蜜或者糖调成甜口奶茶，也可以加入盐调成咸口奶茶，茶香奶香浑然一体，馥郁醇厚。

夏天也可以加入菊花一起煮饮，茶汤放凉后冷饮，既不会导致胃寒，又能解暑，是酷热季节的极佳饮品。

①备具

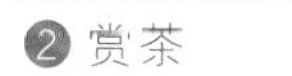

②赏茶

③撬茶

❹ 投茶

❺ 润茶，然后倒掉水

❻ 泡茶

❼ 出汤

❽ 分茶

❾ 品茶

品茶

色

干茶：好的茯砖茶叶脉明显呈网状，砖面平整规则，金花茂盛（学名冠突散囊菌）。劣质的茯砖茶叶脉模糊不清楚，茶砖表面凹凸不平，有杂霉色，伴有青气味道或者是怪味。

汤色：用高冲的手法击打，迅速闷住，出汤，呈现清澈的橙红明亮的汤色。

香

干茶香气：干茶有一种清雅的青草香气，无杂味。品质差的茯砖茶会有异味。

茶汤香气：出汤后的茯砖茶，有刺激嗅觉的多种香气，可能有酸味、果香、花香和木香。

味

低头啜饮，醇和甘爽，有着黑茶独特的醇，却也有乌龙茶的清洌甘爽，生津回甜。

叶底

好的茯砖茶叶底是均匀的黑褐色，质地偏硬，一捏就碎。

茶保健

茯茶具有多重药理功能，如助消化，养胃、健胃等。

存茶

因为茯茶属于再发酵茶，需要一定的湿度加快转化，所以不能密封保存，需要在通风、干燥、无异味的环境中存放。如果出现了黑霉、绿霉或者灰霉就不能再饮用了。

泾阳茯茶在茶艺师的悠然里泡出一道道炫彩不一的茶滋味，有对故乡的思念，也有对他乡的情深意长！

婀娜多彩

东方美人茶

识茶

地道的东方美人茶的茶青必须让小绿叶蝉叮咬，让其唾液与茶叶酵素混合，这样茶才能有它特别的醇厚果香和蜜香。所以对小绿叶蝉的保护变得尤其重要，不能喷洒农药，不能有其他污染影响昆虫的生存。东方美人的美不只是这形、这貌，还有那份难得的纯洁与净美。

除此之外，“东方美人”还有许多别名：因其茶芽白毫显著，称为白毫乌龙茶；因其味似香槟，又属乌龙茶类，故又名香槟乌龙茶。

因为东方美人属于半发酵的乌龙茶，是发酵程度最重的乌龙茶品，已经接近于红茶，所以开汤水温要在90~97℃，为了欣赏其美丽的舞姿，主泡器一般选用白瓷盖碗或者玻璃杯。

茶典

相传有个英国茶商将此茶带给了维多利亚女王，五颜六色的干茶、黄澄清透的茶汤与甘甜的口感，令女王欣悦赞叹不已，问起此茶是来自哪里，茶商答言：“来自世界的东方——中国。”女王道：“既然是来自东方，又像美人一样好看，就叫‘东方美人茶’吧。”

东方美人是雅称，它的俗称叫膨风茶，此名也有个传说。相传很久以前有个茶农家的茶园遭了虫灾，茶叶被小绿叶蝉叮咬，因茶农心疼茶叶，依然按乌龙茶的制作工艺加工贩卖，结果因为独特的香气口感大受欢迎，收到了许多订单。

他将此事说与乡邻，竟被指吹牛。在俚语中，“吹牛”叫膨风，于是膨风茶的名字不胫而走。

泡茶

右手持壶注水，温杯，佳人入宫，摇动干茶，激发香气。直线高冲，彩色的衣袂纷飞，旋转身姿，漫舞水中，飞天仙子落杯盏，清水透窥美娇颜。

❶ 备具

❷ 赏茶

❸ 注水

④ 温壶

⑤ 温杯

⑥ 温杯倒水

⑦ 投茶

❽ 泡茶

❾ 出汤

❿ 分茶

⓫ 品茶

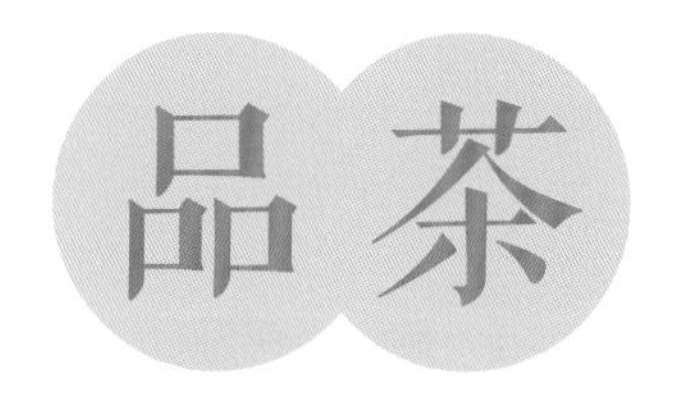

色

干茶： 取出干茶放在白色茶荷里，东方美人茶高雅、含蓄、优美，细细观察，有红、黄、白、青、褐五种颜色，美若敦煌壁画中身穿五彩斑斓羽衣的飞天仙女，婀娜多姿又多彩，美艳却不失贵气，所以茶人们也称其为“五色茶”。

汤色： 东方美人茶的茶汤呈红橙金黄色，有琥珀色之明丽润泽。

香

干茶香气： 温杯之后，干茶激发出烘焙后的茶香，还一并带出了一丝果香。

茶汤香气： 水与茶相遇的那一刻，果香和蜜香就涌了出来，追随氤氲冲入鼻腔。

味

第一泡茶香中带有熟果和蜂蜜香，甘润香醇，轻啜一口，天然滑润，甜而不腻，爽而不烈，柔而不软，风味绝佳。第二泡蜜香果香更加明显，汤色浓艳，回甘迅速，尾韵悠长。

东方美人茶虽说是乌龙茶，但是它却有着红茶的包容性，可以做成调和茶，或者入膳。例如在热茶中加入一两滴白兰地，味道便如香槟一般；加入鲜奶，就成了蜂蜜奶茶；亦可放入冰箱冰凉了再喝。而入菜的吃法，则以东方美人鸡汤受欢迎，将茶叶与整鸡熬炖2小时，肉香与茶香充分融合，汤头香醇甘美。

叶底

叶底花色均匀，嫩芽显眼，手指触之有弹性，便是最好的东方美人。

茶保健

东方美人茶具有抗衰老、美白、养颜、减肥等功效，它那绝佳的口感和香气特别适合女士饮用。

存茶

虽然此茶贵气艳美，但是并不娇气，极易保存，避光、避潮、避异味即可。

茶在茶艺师的悉心呵护下，慢慢褪去浓浓的香味，淡雅成熟，五彩的衣裳也随着时光蜕变成红褐色，柔软嫩滑有弹性。秋风伴着白云曼舞着，而茶室的笑声伴着东方美人的蜜韵飞扬。

情深意长
金毛猴

识茶

金毛猴采用单芽或者一芽一叶初展为原料，肥嫩紧实，密披金黄色茸毛，如金丝猴的毛，故而得名。金毛猴湘红茶，甄选生态无污染的武陵山区上等原叶，集乌龙茶、红茶与黑茶等中国茶关键工艺于一体，以乌龙茶的工艺提高香气，利用黑茶工艺促进成分转化以提高保健功能，制成了具有品饮、收藏、馈赠等多种用途的独特湘红茶。

金毛猴湘红茶名字的由来有个小故事。

在 2009 年，白宫用茶海选时，来自全世界的名优红茶云集，各显身手，而美国人选茶的关注点是茶叶内含物质的多少。

当一款款“红衣仙子”走出检测室时，来自湖南的这款满身黄毛的湘红茶以第一名的姿态映入了所有人的眼帘，见它灵动如猴，黄毛如丝，打趣地为它取名为毛猴茶。

湖南省湘茶高科技有限公司的副总经理、总工程师，亦是这款茶的研发者吴浩人听其不雅，更名为金毛猴，并一举夺冠，成为白宫特供红茶，自此扬名海外。此茶曾作为饮品被美国领导人用来招待贵宾。

泡茶

好茶需好水，这样的极品湘红茶怎能马虎，有茶友找来山泉水，主泡器选用了盖碗，100°C 水温杯，同时水温降至 93°C 左右。茶水比为 1:50。

以后每一泡都需要用心用情温柔呵护（低斟绕杯的手法），以保证茶内含物质的浸出速度和茶芽的完整，以及滋味的饱满与醇和。

品茶

色

干茶： 茶身紧致，略带弯曲，通身金黄色茸毛。

汤色： 红艳清澈，茶汤在杯中清然荡漾，金圈鲜亮，悦目娱心。稍慢出汤，汤色更加明亮红橙。

香

干茶香气： 茶刚一打开一股蜜香带着花香扑面而来，将干茶放入盖碗，摇晃，出茶香，再闻，此时不仅仅有红茶的甜香，还具有乌龙茶霸气的花香。

茶汤香气： 闷茶 5 秒，将茶汤移至鼻端，香气清甜，浓郁高长。

味

趁热细啜，滋味鲜醇、香气浓郁、回甘于喉底，此时紧闭嘴巴，用鼻腔呼气，气香绵柔，闭目回味，仿佛乘着清风飘然于茶山，荡漾在白云花间，流连忘返。

叶底

叶底嫩匀红亮，肥硕壮实，富有弹性。

茶保健

金毛猴湘红茶富含茶黄素和游离氨基酸，具有调节血脂、预防心血管疾病的功效。

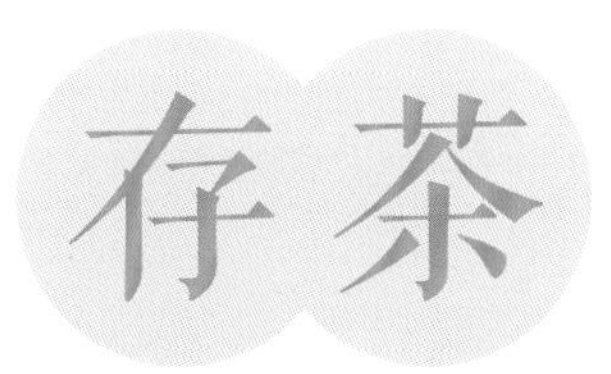

金毛猴湘红茶可长期存放，只需要避光避潮，可成为茶虫们的收藏佳品。

这片东方神叶滋养着全人类，从身到心，从古到今。

沉睡柑普

识茶

柑普茶是以广东新会大红柑或小青柑和云南西双版纳普洱茶为原料，通过特殊的掏取、填茶、干燥等工艺制作而成，属于普洱茶的一种，柑普茶外形小巧可爱，口感醇厚，滋味清爽，令人难以忘怀。

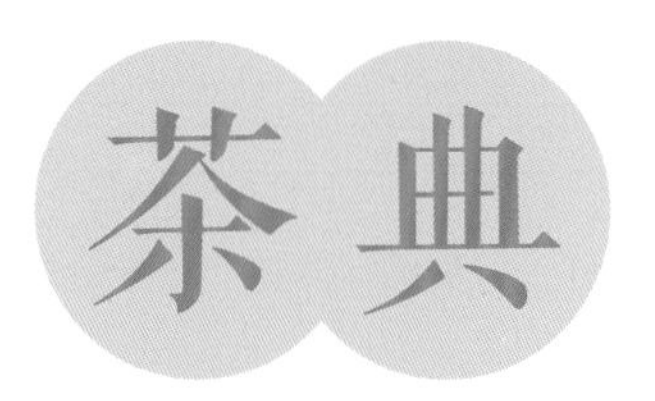

茶典

相传在清道光年间，有一个进士名罗天池，原名汝梅，字草绍，生于新会棠下镇良溪村（今属蓬江区）。罗天池曾在云南当官，之后辞官回到家乡，因任职期间极其喜欢当地的普洱茶，所以回乡时带回很多普洱茶。

有一次，罗天池不小心得了重感冒，久咳不止，于是将自己关在书房，边品茗边读书调养身体。妻子拿来陈放许久的柑皮煮的水给他喝，他误认为是拿来煮茶用的水，于是将陈皮水倒进了煮茶壶里，与普洱一起烹煮。

一股淡雅的橘子香味和普洱的浓浓茶香一起钻入鼻腔，罗天池顿觉神清气爽，于是倒出一杯，慢慢品啜，醇厚滑腻、香甜爽口，心中烦闷顿然而逝，心悦情怡，连喝几日，咳痰消止，甚是欢喜。

罗天池开始思索：云南普洱是越放越醇越好喝，新会柑也是越放越珍贵，如果把它们一起存放起来，岂不是时间给人们最好的沉淀与贡献？

在经过多次制作试验之后，方法终于被找到了！

先用刀子削掉柑的底部，取出里面的果肉，再将云南普洱茶放进去，盖上取下的柑作“帽子”，保持柑原来的样子，放到室外风干。为了快速烘干，现代工艺会把它放在恒温烘炉里。

随着日月和风霜的洗礼，柑从黄嫩嫩的青春模样，脱变成干巴巴的黝黑老者，坚韧又脆弱，却依然不失本真的傲骨与香味，保护着内里的普洱。这种柑普茶的制作工艺很快传播开来，流传至今，并销售到海外。其保健功效也颇受大众喜爱。

泡茶

泡茶的器皿应以紫砂为佳。紫砂透气不透水，这样，茶的香气更为真诚绝美。

柑普茶的冲泡方法极其简单，水温在95℃以上就可以。根据茶的年龄，调整水温的高低，年头长的水温稍高一些，年头短的水温稍低一些，以保证茶汤浓厚和冲泡次数。

品茶

色

干茶： 柑普特殊，一般是完整的陈皮内包裹着普洱，所以上好的柑普，除了陈皮开口处之外，不能有其他裂痕。外表颜色均匀发亮，完整地如同一颗削开了蒂部的柑橘。

汤色： 汤色是暗栗色，清凉透明，茶汤表面有油气状的轻雾。

香

干茶香气： 拿到柑普的那一刻，就能闻到陈皮和普洱混杂在一起的味道。把它们投入温热的杯中，果香会更加浓郁。

茶汤香气： 茶在高冲给力的手法下翻滚着，独特的果香和普洱茶香浑然一体，醉人心脾，茶在时光的隧道里沉睡。

味

柑普因为有了陈皮的帮助，所以滋味甘甜，少了普洱固有的沉闷苦涩。如果出现了涩味，说明茶叶不佳。

叶底

柔韧有弹性，没有附着其他杂物。

茶保健

新会柑是国家地理标志产品，采用的是新会大红柑的干果皮，药用价值极高，具有理气化痰、疏肝润肺、消积化滞等作用，也是传统的香料和调味佳品。

当新会陈皮与云南普洱结合在一起，成为独特的柑普茶的时候，便造就了风味绝佳的新型茶饮品，也是极具保健功效的茶饮品，能生津、益气，使得普洱茶的色、香、味更上一层，锦上添花。

存茶

柑普茶的保存不是很麻烦，用玻璃罐或者瓶子盛装，放在通风、无异味、避潮的地方，千万不要放在冰箱里，远离湿度大、温度高的地方，放在铁桶或者锡桶里也可以。

新会柑与云南普洱就这样相依相偎在时光的隧道里，经历了本不想经历的火的暴躁、风霜的锤炼、雨雪的温润，带给世人甘爽、芬芳、浓郁的韵味。

大家闺秀

碧潭飘雪

识茶

传统的茉莉花茶采用的是普通的绿茶作茶坯，如今市场上出现了一些创新花茶，比如用西湖龙井窨制的茉莉龙井，还有今天要品饮的碧潭飘雪（选用蒙顶甘露为茶坯），它们已经打破了茉莉花茶无高端茶的壁垒，创造出了一种新的独特气质。

碧潭飘雪是一种创新的茉莉花茶，属于再加工茶类，产于四川峨眉山，采花时间在晴日午后，挑雪白晶莹、含苞待放的花蕾，赶在花开前摘取，使茶叶趁鲜抢香，再以手工精心窨制。

茶典

相传在很久以前，有一个北京的茶商叫陈古同，某年前往南方采购茶叶，途中遇到一个饥寒交迫的小姑娘，没钱殡葬父亲的尸身。他甚是怜悯，便取了一些银两给小姑娘为父亲安葬。

过了两年，他又去南方采购，住进了相同的客栈。客栈老板取出一包茶叶说：“我等你好久了，上次你走后不久，一位姑娘来我这里找你，寻不见你，便托我转交这包茶叶给你，结果我等你许久才来。”

陈古同仔细回忆，想起那个可怜的姑娘，猜想是她为了报答他的慷慨解囊，才送来茶叶。回京后事忙，他把那包茶忘得一干二净。直到快一年后，来了一位品茶的朋友，他才想起有这样一包茶未曾开启，于是欣然拿出，与朋友品鉴。

当热水冲到盖碗中的茶叶时，一股异香扑鼻而至，接着热气冉冉升起，一位貌美如仙的姑娘手捧两束茉莉花，瞬间又变成了一团白色的热气，慢慢地消失了。

陈古同不解，问朋友，朋友道：“这是报恩茶，是茶中绝品。”

可为什么手捧茉莉花呢？二人百思不得其解，于是再次泡饮，少女再次出现，陈古同顿悟：是不是告诉我们，花是可以入茶的？他百般尝试，便有了后来的一个新茶类——茉莉花茶。

泡茶

都说茉莉花茶是如诗一般的茶叶，既有花的清香，又有茶的优雅，所以这般美好的事物需要分三品：即目品，赏心三生醉；鼻品，清神涤寐；口品，荡气回肠，甘甜鲜纯。泡此茶以盖碗为最好，会欣赏到茶、花共融的美景，此茶外形紧细匀整，有锋苗，细嫩有毫，色泽绿黄莹润，花干洁白。如此清秀柔弱的女子，怎敢惊扰，所以水温应该在80°C左右开汤，用高冲不给力的手法，冲出香气。二泡以后，这种茶味花香更加明显，手法要柔和，以低斟细流缓冲为主，嫩绿的茶芽、雪白的花朵拥抱着水一起舞动，淡淡散发着体香，迷离神往。

❶ 备具

❷ 赏茶

❸ 投茶

❹ 润茶

❺ 泡茶

❻ 闻香

❼ 出汤

❽ 分茶

❾ 品饮

品茶

色

干茶：花朵完整，茶叶挺拔秀美，白毫显露。

汤色：花如雪，色丽形美；叶似鹊嘴，形如秀柳；汤呈绿黄，碧水清澈，叶片可数；盏如潭，溢满琼浆玉蕊，碧波荡漾的水面散落着点点白色花瓣，真的是忘却人间景，疑似丹丘中。

香

干茶香气：宋代诗人江奎的《茉莉花》赞曰："他年我若修花史，列作人间第一香。"茉莉花香最难掩盖，即便不跟水相遇，也会从茶叶中飘扬而出，附着在人的衣物上、皮肤上，久久不散。

茶汤香气：一遇到水，淡雅的花香伴着茶香冲出，缠绕着你的所有感官神经，鲜灵持久，迷醉心扉。

味

品饮茶汤，鲜爽回甘，味淡，悠长，说不出，忘不掉，如果说福建茉莉花茶香高味浓，如风韵成熟的女子，那么这碧潭飘雪就是含蓄傲骨的大家闺秀了。

叶底

叶底细嫩多芽，均匀整齐，绿黄匀亮。

茶保健

碧潭飘雪茶不仅醉心，还有保健功效。茉莉花所含有的芬芳物质具有行气解郁等功效，而且兼具绿茶提神醒脑的功能，让人消除疲劳，缓解压力。

存茶

想更好地保存茉莉花茶，就要知道影响其品质的几大因素：温度、湿度、空气和光线。其中最重要的是湿度，如果湿度过高，茶叶吸收空气中的水分以后，品质就会劣变；温度也不要过高，不要被阳光直晒，应将茉莉花茶密封避光避潮保存，适宜温度在 5°C 以下，最好放在没有异味的冰箱里。

古藏茶

守候在时空里

提及藏茶，很多人认为是西藏产的茶，其实不然，藏茶是主产于四川雅安的茶，因在唐宋时期畅销藏族聚居区而得名，曾被称为：黑茶、边茶、边销茶、大茶、雅茶、南路边茶等，后来才被称为藏茶，可说是黑茶的鼻祖。

识茶

藏茶需要经过和茶（对采选的茶青和红苔进行蒸青、揉捻、做庄等）、顺茶（分筛、分类、清洁和整理等）、调茶（在渥堆发酵过程中的调适）、团茶（做出特定造型，砖或者其他形状）、陈茶（通风、陈化、自然干燥的过程）等5大工序及32道工艺，是名副其实的工夫茶，也是制作工艺最为复杂的茶类，所以具有十分稳定的色、香、味。

同时它属于后发酵茶，在制作过程中没发酵完全，在储存过程中可以继续发酵转换，使其发酵更加完全，滋味更加醇厚，所以有一定的收藏价值。

茶典

关于藏茶的传说有两个。一个是说松赞干布有一次生了病，久治不愈，有一天他病卧窗下，飞来一只鸟儿将一片叶子衔落在他的碗里，他喝掉了浸泡过叶子的水，顿时觉得神清目明，便跟着鸟儿来到了雅安蒙顶山，见到了“仙茶”。自此，这种茶叶就成了藏族人不可或缺的生活饮品，一喝就是几千年，且有“宁可三日无粮，不可一日无茶”“一日无茶则滞，三日无茶则病”之说。

另一个传说是唐朝文成公主进藏，由于藏族人多食牛羊肉和奶制品，以增加身体热量，达到抗寒的目的，可是这些食物却很难消化，维生素摄取匮乏，于是文成公主便带了三件宝贝：茶叶、丝绸、笔墨，自此茶叶与藏族人民的饮食起居融为一体，形成了独特的藏茶文化。

泡茶

冲泡藏茶一定要用滚开的水，才能激活它经过时间沉淀后的魅力。茶在白色的盖碗里，显得成熟稳重，淡泊从容，如果配以紫砂壶冲泡，该是顶级的组合了，你会品味出历史的沧桑滋味，达到心灵与时空碰撞后的享受。拿起盖碗，用力摇醒这千年古茶的茶身，将它沉睡已久的香气逼出来，然后用高冲给力的手法，把沉淀了几千年的滋味呈现出来，稍微闷泡十几秒，出汤。即使这样，第一泡的茶汤也会显得薄了些，颜色也会淡一些，所以第二泡继续高冲，闷泡时间根据情况要延长，直到紧实的茶身完全放松，容颜被完全唤醒，手法便可以柔和些了。

藏茶的饮用方法有很多：煎、煮、冲泡、提汁、干嚼均可，也可以加奶、糖、蜜做成调和茶。

❶ 备具

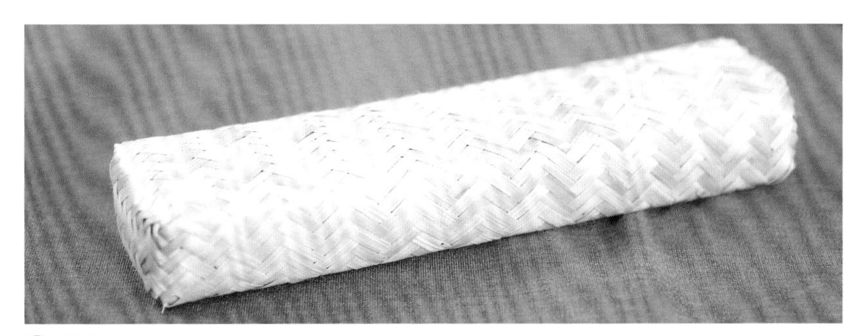

❷ 备茶

❸ 取茶

❹ 温烫盖碗

❺ 温烫公道杯

❻ 倒水

❼ 投茶

❽ 打香

⑨ 闻香

⑩ 二次打香

⑪ 润茶

⑫ 刮沫

⑬ 冲水

⑭ 用润茶水温烫公道杯

⑮ 倒掉润茶水

⑯ 闻杯底香

⑰ 泡茶

⑱ 盖盖

⑲ 出汤

⑳ 分茶

㉑ 品茶

品茶

色

干茶：藏茶分三类：康砖茶、康尖茶和金尖茶。

康砖茶表面平整、紧实，外形呈现圆角枕形，棕褐色，带梗。

康尖茶外形呈圆角方形，选料较为粗老，也是棕褐色。

金尖茶外形呈圆角长方形，表面不是很紧实，选料比较老，呈暗褐色。

汤色：茶汤红艳明亮，第一泡颜色浅，第二泡颜色开始加深。

香

干茶香气：藏茶干嗅很难闻到清香，更多的是一种发酵的味道，古朴而雄浑。

茶汤香气：出汤之后，茶香才逐渐释放，然而也不似其他茶品那般气味清雅，是一种浓烈的香气。

味

口感不苦不涩，甘甜滑润，醇厚酣畅，历史的陈香也会慢慢散发。

叶底

叶底棕褐色，稍显老气，但叶梗和叶片散发油亮，整齐均匀，没有杂质。

茶保健

藏茶一般不是由茶的嫩叶加工制成的，所以含氟量较高，不宜过浓或过量饮用，容易造成氟斑牙和骨质疏松等。

但是藏茶也是具有很高保健价值的，中医将其药性归为味苦、甘，性温和。认为其能醒神益思、和胃生津、健脾祛湿、化食消积等。

存茶

藏茶的保存较为简单，放在通风好、无异味、不潮湿的地方。每年定期将茶放在太阳下晒 1~2 次，更利于保存。由于藏茶需要深度发酵，且时间越久口感越醇和，陈香味道越浓，可以长期存放，是收藏价值较高的茶种。

伴着初秋的风，茶汤柔滑滚下，清心荡气，好像时间已经完全停止了，劳累的身体，犹如此时此刻盖碗里的茶，散发着乌亮的光，伸展着腰肢，喜悦地享受着阳光的滋润，仿佛看到茶马古道上歇脚的茶商，也仿佛闻到了穿越时空飘来的缕缕茶香。

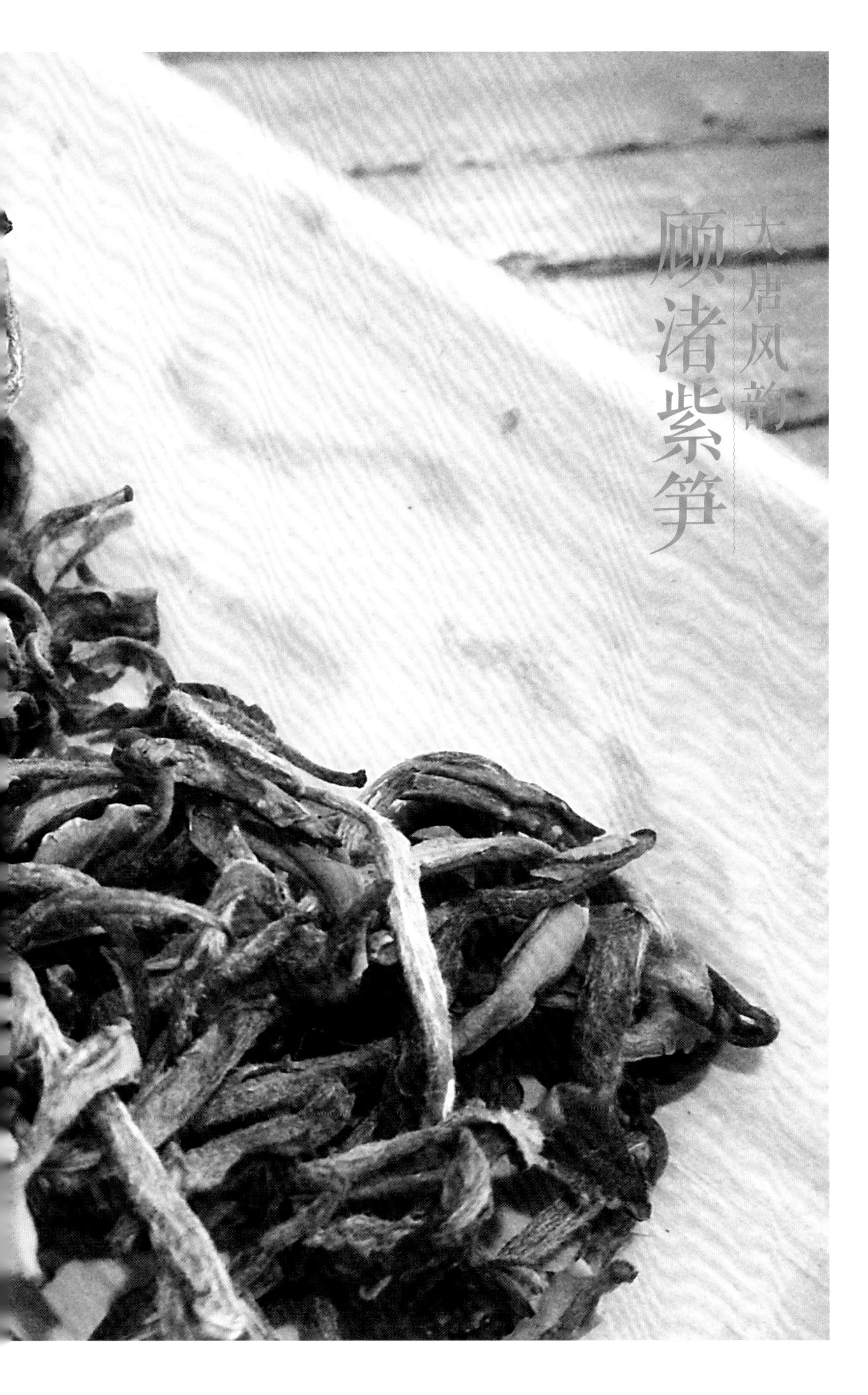
大唐风韵
顾渚紫笋

识茶

顾渚紫笋，因其鲜茶芽叶微紫，嫩叶背卷似笋壳，故而得名。该茶产于浙江省湖州市长兴县水口乡顾渚山一带，是上品贡茶中的“老前辈”，早在唐朝便被茶圣陆羽评为“茶中第一”，在唐朝广德年间开始进贡，正式成为贡茶。那时因紫笋茶的品质优良，还被朝廷选为祭祀宗庙用茶。

“凤辇寻春半醉回，仙娥进水御帘开。牡丹花笑金钿动，传奏吴兴紫笋来”。这是唐代诗人张文规对当时紫笋茶进贡情景的生动描述。我看着它淡黄妙美的身姿，听闻它曾在宫廷有显赫的地位，净手、焚香、静心、伴乐，怀着一份敬畏之心，期待着来自大唐贡茶的茗韵茶香。

泡茶

第一泡通透的杯体带着淡淡的温度，身披淡黄轻纱的干茶飘然落下，水沿着杯壁轻缓而下。吸水的茶芽舒展后，上下飘飞，杏黄清澈的茶汤令人赏心悦目。

第二泡，高冲，茶叶翻滚，一芽二叶已经展开成朵，叶薄如蝉翼，芽叶丰满肥硕，似大唐美人时而抬腕低眉，时而轻舒云手，水袖轻摆，纤腰楚楚，高贵绝艳。

三泡以后，再找来直线玻璃杯、公道杯，调整水温为84°C，其他要素一样，进行对比冲泡品评：香气更加浓郁，滋味更加饱满，即使到了第五泡也余香犹存，韵味犹在。但若以95°C的水开汤，在第四泡后，茶汤就已经变淡了。因此，此茶在北方还是以80°C左右的水开汤为宜。泡茶要根据不同的水质、地区、气候，选择不同的泡法。

品茶

色

干茶：叶背卷曲好似笋壳，嫩芽发紫，通体淡黄，形似银针。

汤色：杏黄清澈。

香

干茶香气：干茶伴有清新的香气。

茶汤香气：1/3的水慢慢浸透茶身，飘出的豆花香引得大家深吸闭目，顿觉神清目明。

味

轻啜一口，鲜醇甘洌，豆花香伴有兰花香，沁人心脾，美不可言。

叶底

芽叶丰满肥硕，叶底翠绿清亮。

茶保健

除了绿茶固有的提神醒脑、消除疲劳、利尿、消肿的功效之外，顾渚紫笋还有强心、止咳化痰等作用。对于减肥人士来说，它对蛋白质和脂肪的分解作用要优于其他品种的茶叶。

存茶

顾渚紫笋自唐广德年间开始进贡，至明洪武八年"罢贡"。明末清初，紫笋茶逐渐消失，直至20世纪70年代末才被重新发掘出来。而今天的这款产自长兴顾渚山一带的绿茶，更是贵族中的贵族了，所以它的保存需要低温、密封、避光、避潮。

繁华落尽

普洱茶

识茶

普洱茶的产地在云南省普洱市，所以这里产的茶泛称“普洱”，主要原料是云南大叶种晒青毛茶，在制作上分为普洱紧茶和普洱散茶。

主泡器以大肚紫砂壶为最佳，茶水比为 1:20，按个人口感需求上下调整 20%。普洱紧茶要用 100°C 的沸水冲泡；冲泡普洱散茶，我们可以根据茶的年份，把温度控制在 95 ～ 100°C 之间。

泡茶

高冲大流，第一泡迅速出汤、倒掉，称为醒茶或润茶，开汤是泡茶技艺中最为关键的一步。之后的第二泡、第三泡等便可以根据个人口味需求，把控出汤时间。茶无定味，适口为佳，在茶的世界，只要用心寻找，终会找到一种适合自己口味的冲泡手法。

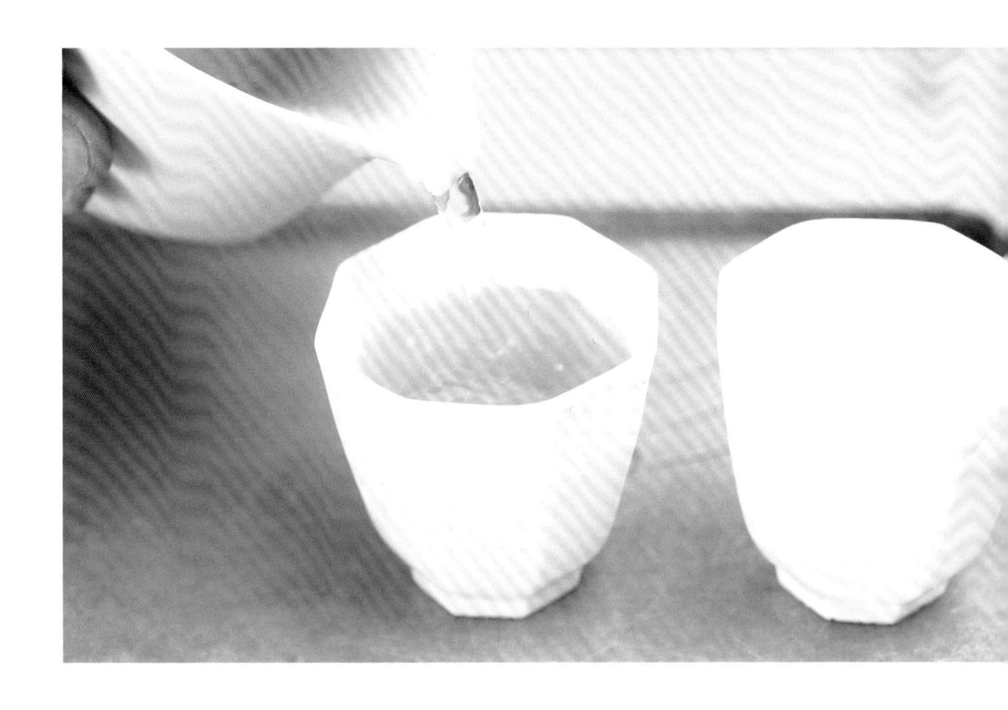

❶ 备具

❷ 温壶

❸ 投茶

④ 泡茶

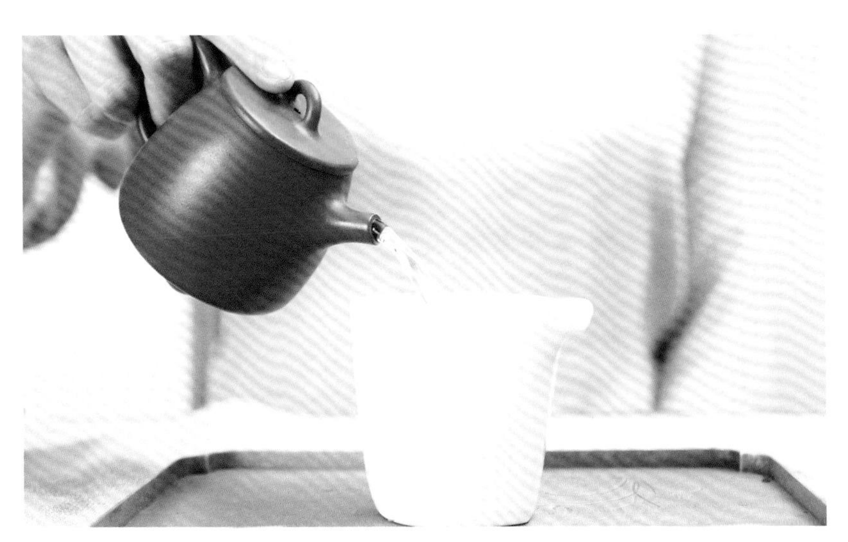

⑤ 出汤

❻ 分茶

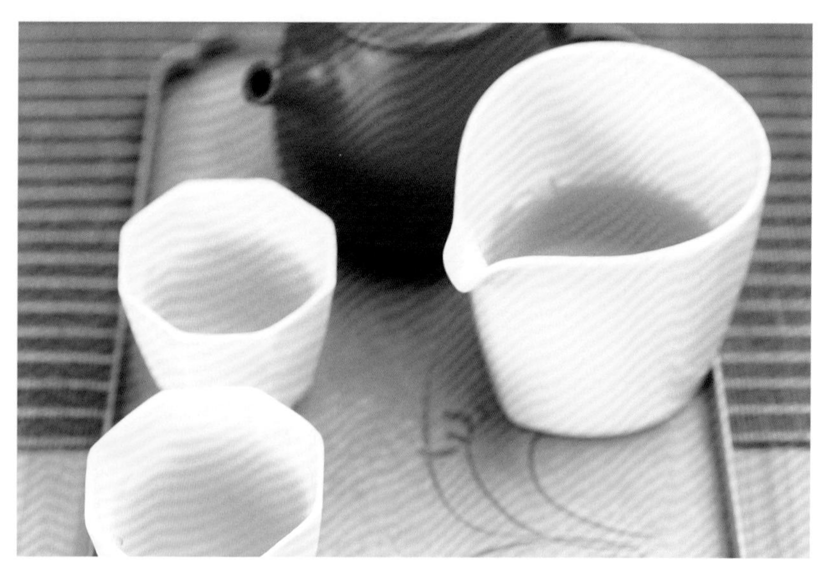

❼ 品饮

品茶

色

干茶：形状完整，棱角整齐，厚薄一致，松紧适度，颜色有黑色、棕色、褐红色。

汤色：深红而剔透的茶汤是品质最好的普洱，黄色、橙色、黑色以及其他暗色，都不是上乘的普洱。

香

干茶香气：正宗的普洱茶有一种陈香，香气很冲，如果有发霉的气味，代表品质不佳。

茶汤香气：普洱茶的茶汤香气多种多样，有的像槟榔香，有的像桂圆香，有的像兰花香，有的像桂花香，有的像枣香……总之是一种令人舒适的花果陈香，而不是酸味。

味

很多人都说普洱茶的口感发涩，实际上正宗的普洱茶口感是顺滑绵柔的，像极了醇厚的老酒，毫无刺激感，而且回味甘甜，香气持久。

叶底

好的普洱茶的叶底舒展度很好，而且有芽，通体是均匀的褐红色，柔软又富有弹性。如果叶底发黑、花色不匀，则为劣品。

茶保健

普洱茶自古以来就被认为可以调理脾胃、缓解油腻，据临床实验显示普洱茶还有降低胆固醇和调节血脂的功效，对心血管疾病有保健作用。

普洱茶除了直接冲泡饮用，还能做美味茶膳。平衡肉类中的油脂，如普洱鸡、普洱鱼、普洱贝、普洱蛋、普洱佛跳墙等。

存茶

普洱茶大概是所有茶叶中少有的在储藏方面非常随性的茶，只要避光避湿，跟其他异味隔开即可。一个铁桶，一个瓷罐，都可以用来存放。

国韵天香

正山小种

识茶

正山小种，又称拉普山小种，属红茶类，产地在福建省武夷山市桐木地区。以制作工艺上是否使用松针或松柴熏制区分为烟种和无烟种：用松针或松柴熏制的称为“烟正山小种”；没有用松针或松柴熏制的，则称为“无烟正山小种”。

白瓷盖碗是泡正山小种最好的器皿，聚香，还能清晰地观看叶底。94°C 左右的水，茶水比为 1:（50 ～ 60），能激发出茶最好的味道。

泡茶

除了直接冲泡饮用之外，正山小种还可以调制多种饮品。

牛奶红茶：将茶叶放入壶中，用沸水冲泡，浸泡 5 分钟后，再把茶汤倒入茶杯中，加入适量的糖、牛奶，就成了一杯芳香可口的牛奶红茶。

冰红茶：将红茶泡制成浓度略高的茶汤，将冰块加入杯中达八分满，缓缓加入红茶汤，视不同人的爱好加糖搅拌均匀，即可调制出一杯色、香、味俱全的冰红茶。

茶冻：准备白砂糖 170 克，果胶粉 7 克，冷水 200 毫升，茶汤 824 毫升。先把白砂糖和果胶粉加冷水拌匀，用文火加热，不断搅拌至沸腾；再把茶汤倒入果胶溶液中，混合倒入模型（用小碗或酒杯均可），冷凝后放入冰箱中，可随需随取随食。茶冻是在夏天能使人暑气全消的清凉食品。

❶ 备具

❷ 温杯

❸ 投茶

④ 泡茶

⑤ 出汤

❻ 分茶

❼ 品饮

品茶

色

干茶：丰腴适度，紧实匀整，色泽铁青带褐。

汤色：橙黄清明，在日光下粼光荡漾，像是在用无声的语言诉说着它悠远古老的故事。

香

干茶香气：干茶在温杯里有一种烟味，混着茶香，能迅速打开鼻腔。

茶汤香气：出汤后首先扑面而来的是浓浓的松烟香，香高却不冲，直入喉底，打开碗盖，还可以轻嗅到淡雅的花香加着甜甜的果香，含蓄且浑厚。

味

细啜慢饮，品味到的是醇厚甘爽的味道，茶汤里的桂圆味很是突出，喉韵明显。

叶底

叶底张开完整，触感柔软，呈古铜色。如果梗叶粗老，颜色晦暗，证明茶的品质不佳。

茶保健

正山小种最主要的功效是温胃、养胃、助消化，非常适于养生。

存茶

储存正山小种，需要密闭性极好的茶罐，因为密闭空间更有利于它将最初的烟香转化成果香。

零落成泥碾作尘，只有香如故。正山小种——来自东方古老神秘的红色诱惑，是世界红茶的先祖，自信且沉稳。

走进蒙顶

蒙顶甘露

识茶

蒙顶甘露是国内较早出现的卷曲（揉捻）型绿茶，由宋代蒙山名茶“玉叶长春”和“万春银叶”演变而来。

历代文人墨客留下了不少赞颂蒙顶茶的诗词，白居易在《琴茶》一诗中写道：“琴里知闻唯渌水，茶中故旧是蒙山。”

蒙顶甘露的工艺沿用明代的“三炒三揉”制法。鲜叶采回后，经过摊放，然后杀青。鲜叶在反复翻炒至叶质柔软，叶色暗绿匀称，茶香显露，含水量减至60%左右时出锅。

为使茶叶初步卷紧成条，给“做形”工序创造条件，杀青后需经过三次揉捻和三次炒青。

“做形”工序是决定茶叶外形品质特征的重要环节，其操作方法是将经过三次揉捻后的茶叶投入锅中，用双手将锅中茶叶抓起，五指分开，两手心相对，将茶握住团揉4～5转，撒入锅中，如此反复数次，待茶叶含水量减至15%～20%时，略升锅温，双手加速团揉，直到满显白毫，再经过初烘、匀小堆和复烘达到足干，匀拼大堆后，入库收藏。

泡茶

冲泡蒙顶，最好是用75℃左右的水，温度过高会把它烫熟，从而失去香气。理想的茶水比是1:50。

采用上投法（上投法：先放水，后放茶，一般用于冲泡细嫩的茶。下投法：先放茶，再放水，适合冲泡比较壮实的茶，如西湖龙井。中投法：先放1/3的水，放茶，再放水，一般用于冲泡纤细的茶，如黄山毛峰），轻捧茶荷，将干茶拨入杯中（茶水比是1:50），茶身在水的怀抱里，尽情舒展。

第一泡需10秒以内就要将茶水分开，这样口感会甜一些，慢了苦味就会出来，因为绿茶的茶多酚含量较高，所以浸泡时间要短一些，以后每一泡根据具体情况和个人口感需求，延长出汤时间。

品茶

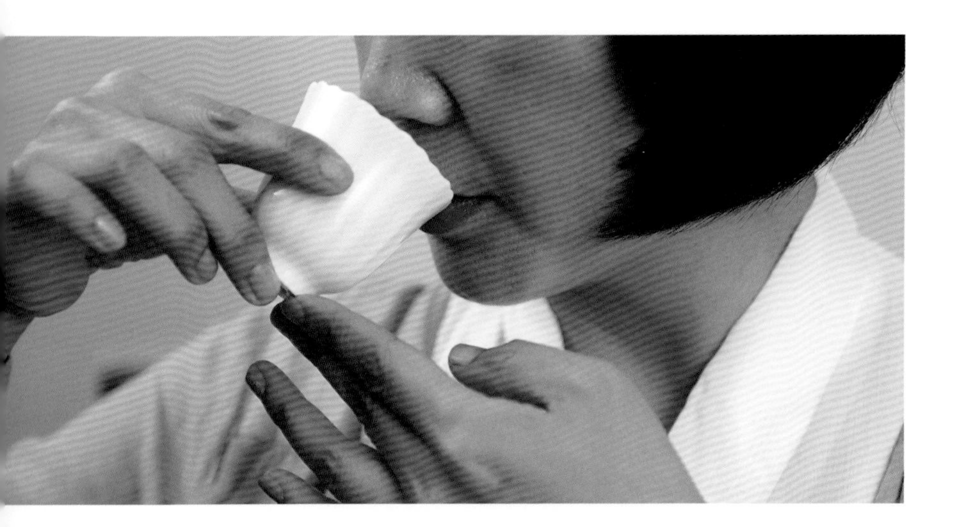

色

干茶：茶叶在茶荷里，扭转着身体，披着若隐若现的白纱裙，却也遮挡不住它润绿的生命之色。

汤色：淡黄碧透，清澈明亮，美不胜收。

香

干茶香气：有明显的嫩豆香气，毫无杂味。

茶汤香气：既有淡雅清新的豆香，又有茶的浓香。

味

茶汤甘醇鲜甜，香馨高爽，这便是茶的自然之性。

叶底

叶底细嫩，芽叶整齐，色泽均匀。

茶保健

蒙顶甘露茶多酚含量较高，具有醒脑提神、护齿明目等保健功效。

存茶

低温、密封、防潮、避光、防异味即可，一般保质期为两年。

手捧着甘露，如沐春风，青春的甘露仙子，把一段至美的爱情故事留给世人代代传颂。阳光从窗户透进来，仿佛也闻到了茶香，来体味这人类与自然的飘逸之美。

欣享袋泡好时光

泡茶

冲泡袋装茶，可以先用开水涮一下杯子，即温杯，然后放入茶包，加入开水。待茶包浸湿自然滑入杯底后，上下提拉茶包，使茶汤均匀，稍微浸泡后把茶包取出。

为了充分利用茶包，可以浸泡两次，不能挤压茶包，因为挤压茶包会将茶的苦涩味挤出。此外，茶包一定要取出，不能一直留在杯子里。如果是红茶茶包，准备加奶饮用时，浸泡时间可略微长一些，但只浸泡一次就行。

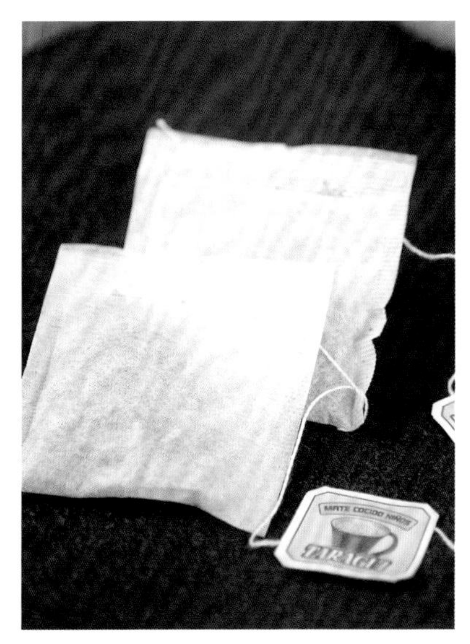

❶ 准备

❷ 放入茶包

❸ 冲泡

❹ 上下提拉茶包出味道

⑤ 茶包稍浸泡

⑥ 取出茶包

⑦ 请茶

⑧ 饮茶

品茶

色

干茶：袋装茶很难看出干茶的色泽和形状，多半是已经加工成碎末的状态，即使不经过繁复的冲泡程序，也能尽快呈现出一碗绝妙的茶汤。

汤色：比起冲泡的茶汤，袋装茶的茶汤千篇一律，绿茶是绿黄色的，红茶是明红色的，少了分明，却多了方便。

香

袋装茶在香气上做得比较出色，有的市售袋装茶，先飘出的是浓浓的奶香味，紧跟其后的是绿豆香；袋装的绿茶，可能在里面混合了花朵，有了浓郁的花香；袋装的红茶，搭配柠檬，果杏味更浓。

味

袋装茶味道多样，又很便捷。它在某种程度上将茶文化传播给更多年轻人，可同时也局限了人们静下心来泡一杯茶的念头。

然而无论如何，有这样一种方便的茶包，不苛求环境与手法，只追随心情，已经难能可贵。

后记

此书是我多年来对茶文化教学经验的点滴总结，旨在与各位茶友和师长们探讨与分享，想着未来也许会走向更多爱茶读者手中，内心着实有些兴奋。

我是一名土生土长的北方女孩，有很多人问我：你怎么走进了茶的世界？其实这与我的个人爱好有关，我从小喜欢写作（纯是爱好），为此一旦有时间就泡在书店里，一次不经意间我发现一本茶书，里面有很多茶的诗歌吸引了我，由此便与茶结下了这份永不离弃的“姻缘”。

在茶文化并不浓郁的北方，要想学习到专业的茶文化知识，我只能到南方产茶的地方去学习和钻研。在学习茶的漫漫道路上，我也从茶中品出了意境，品出了诗和远方，更品出了身心合一的健康饮茶法。

多年积累下来的冲泡手法，在一招一式中使我收获了宁静和平和。我下定决心，要将茶的内涵和快乐分享给身边的朋友。我从 2008 年开始从事茶艺培训工作。我要告诉朋友们，茶除了苦涩，还有甘甜清爽、浓醇蜜意。经过多年的实践，我收集了不同人的爱好与需求，通过自己的冲泡方式让茶更加完美地展现，也让茶的口感适合不同的群体。

这套由经验整理而成的泡茶技法，与几千名学员分享后得到了大家的认同和鼓励，因此就整理成书，期待与更多的读者朋友们分享。

此书得以顺利出版，感谢出版社给予的平台，以及编辑老师们的辛勤付出。在此还特别感谢本书的总策划人付洁老师。

感谢摄影师张旭明先生。

在此书出版之际，感谢我的茶界导师于观亭老师和周国忠老师的培养与教育；感谢在文学写作过程中作家李铮与孟德明老师的指导与点拨；感谢茶界诸多专家和茶友的支持与关注。

书中如有不妥之处，也请朋友们多包涵、多指正。

雪 然

2022 年 12 月 20 日